简明工程制图习题集

（第二版）

马惠仙　蔡祥兴　编

華東理工大學出版社
EAST CHINA UNIVERSITY OF SCIENCE AND TECHNOLOGY PRESS

图书在版编目(CIP)数据

简明工程制图习题集/马惠仙,蔡祥兴编. —2版. —上海:华东理工大学出版社,2017.7(2025.1重印)

ISBN 978-7-5628-5128-8

Ⅰ.①简… Ⅱ.①马… ②蔡… Ⅲ.①工程制图-高等学校-习题集 Ⅳ.①TB23-44

中国版本图书馆CIP数据核字(2017)第168019号

策划编辑 / 徐知今
责任编辑 / 徐知今
出版发行 / 华东理工大学出版社有限公司
地址:上海市梅陇路130号,200237
电话:021-64250306
网址:www.ecustpress.cn
邮箱:zongbianban@ecust.press.cn
印　　刷 / 上海展强印刷有限公司
开　　本 / 787mm×1092mm　1/16
印　　张 / 9.75
字　　数 / 117千字
版　　次 / 2007年8月第1版
2017年7月第2版
印　　次 / 2025年1月第7次
定　　价 / 32.00元

前　　言

本习题集根据全国高等工业学校工程制图课程教学指导委员会制定的“工程制图”课程教学基本要求选编，与马惠仙、钱自强、蔡祥兴编写的《简明工程制图（第二版）》（华东理工大学出版社）教材配套使用，适用于高等学校生物工程、食品、应用化学、应用材料及部分理科非机械类专业的工程制图教学。

本习题集的选编以培养学生绘制和阅读机械图样的能力为主，内容包括：制图基本训练、正投影原理及应用、轴测投影、机件的常用表达方法、零件图、装配图、化工设备图以及计算机绘图等。不同的专业在选用时可根据本专业特点、教学时数、教学方法的不同，对习题的选择及顺序做适当的筛选和调整。带 * 号的习题附有答案。

本习题集中，蔡祥兴编写了轴测图、标准件和常用件、零件图、装配图的绘制和阅读及化工设备图的习题，其余内容均由马惠仙编写。

限于编者的水平及编写时间的仓促，习题集中难免存在错误和不足之处，敬请广大读者批评指正。

编　者

2017 年 7 月

目　录

字体练习　　班级　　姓名　　学号　　任课老师

汉字

工程制图图号描图审核比例件数重量班级学号姓名

技术要求最大直径厚度为均布水平抛光向视图斜视图展开表面设置

班级　　　　姓名　　　　学号　　　　任课老师

数字和字母

1234567890 ABCDEFGHIJKLMNOPQ

RSTUVWXYZ

abcdefghijklmnopqrstuvwxyz

在A4纸上抄画下图。

一、目的与要求

目的：初步掌握《机械制图》国家标准中的图纸幅面及格式、比例、图线，掌握绘图仪器及工具的正确使用方法。

要求：作图正确，线型规范，字体工整，连接光滑，图面整洁。

二、绘图步骤

1.布置图面：将所绘图形安排在图纸的适当位置。

2.用H或2H铅笔画出底图。

3.仔细检查并加深：加深粗实线用HB或B型铅笔，加深细实线、虚线和点画线用H或HB型铅笔。

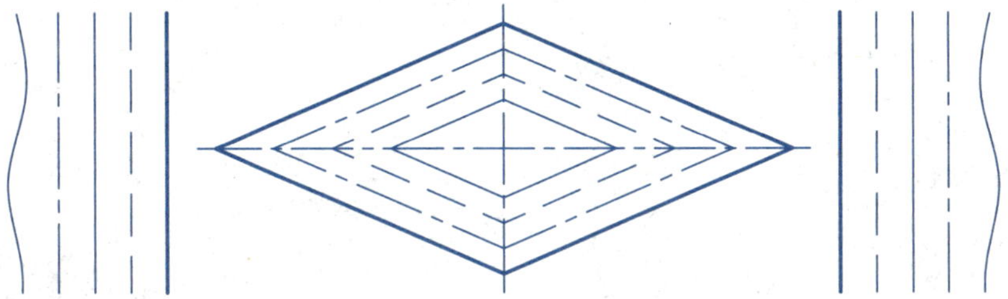

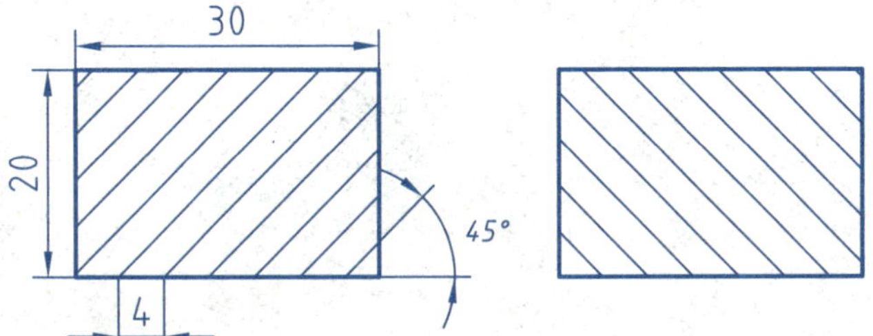

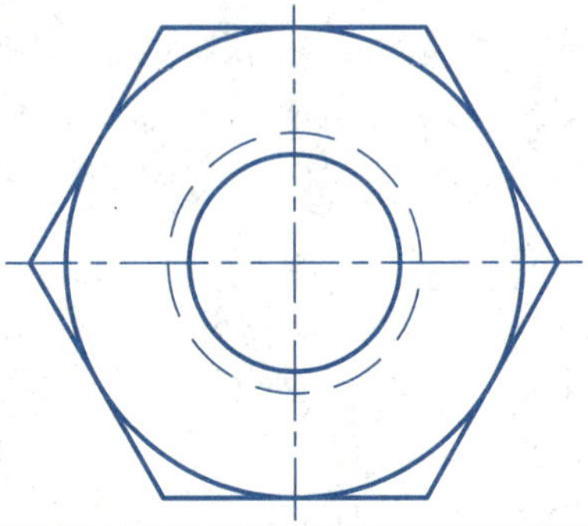

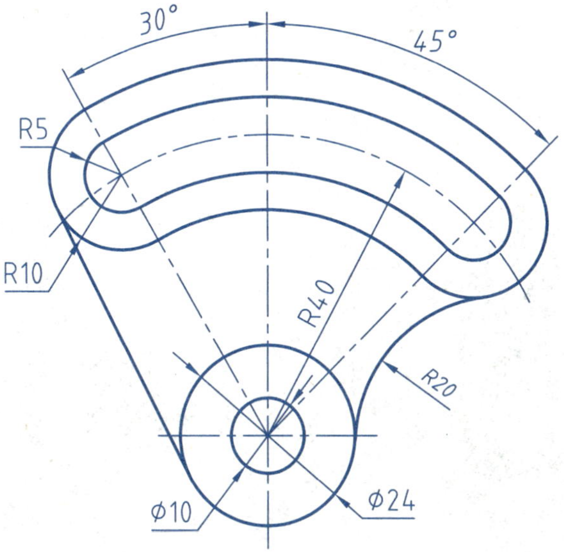

线型练习				比例		01	
				件数			
制图		日期		重量		材料	
描图		日期		××××大学			
审核		日期		班级　学号			

补画下列三视图中所缺的线。

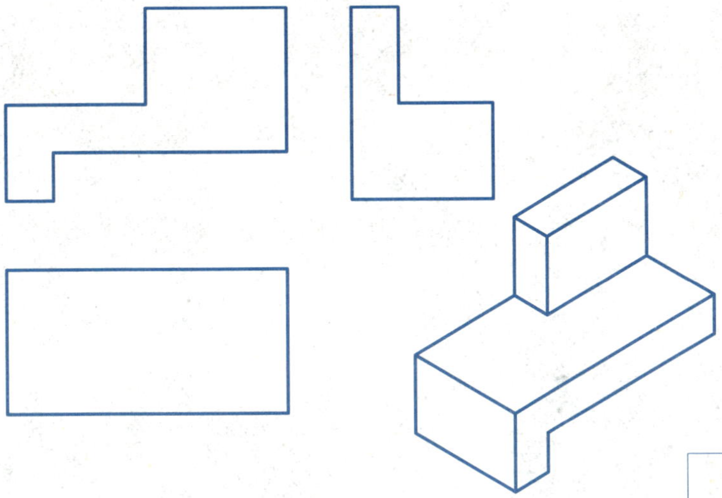

1

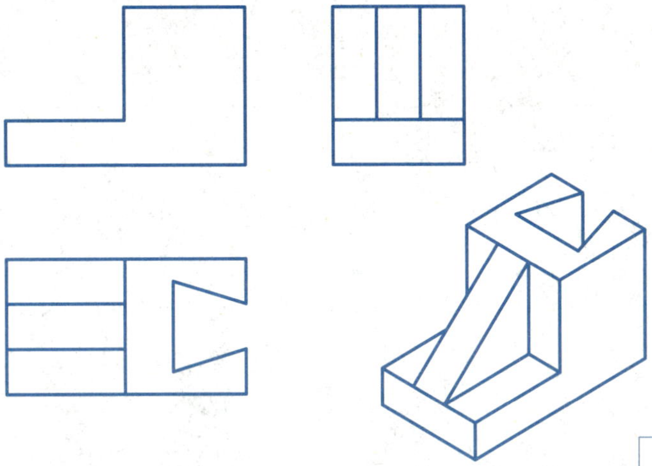

2

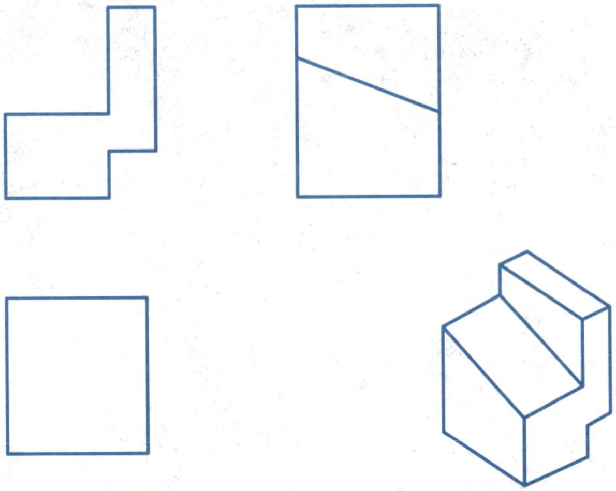

3

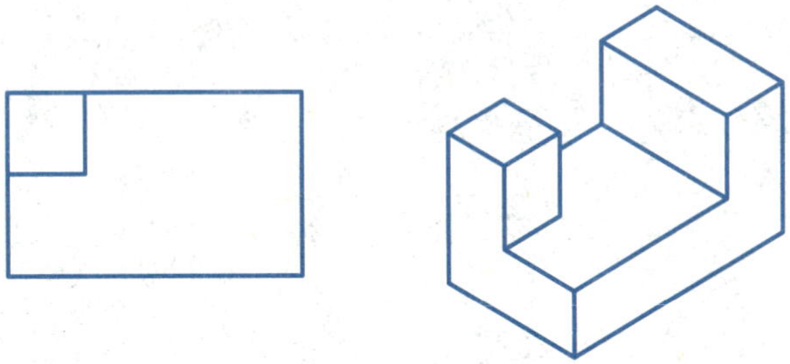

4

班级　　　　姓名　　　　学号　　　　任课老师

根据立体图和已知视图，画第三视图。

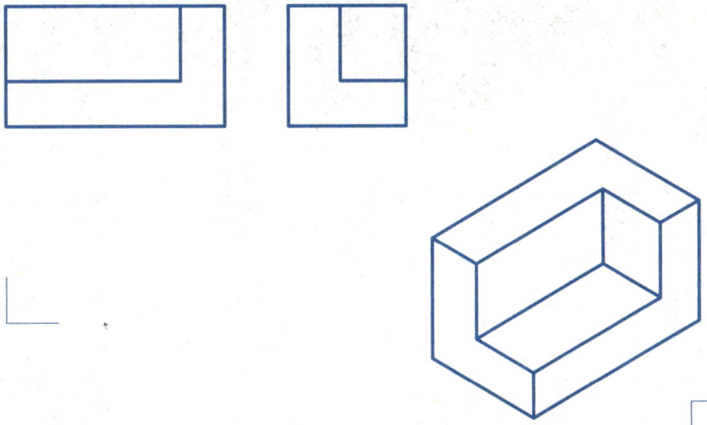

5

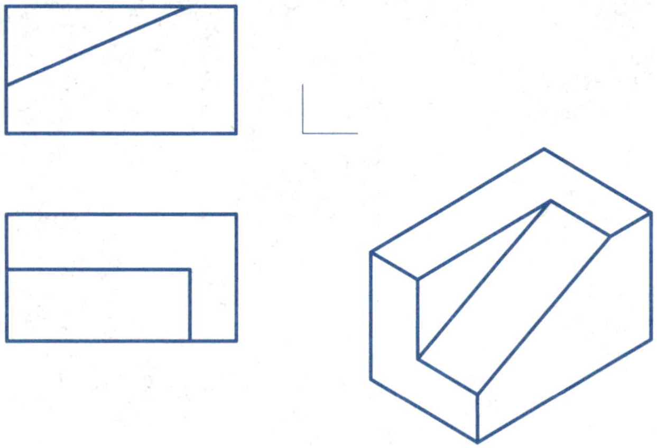

6

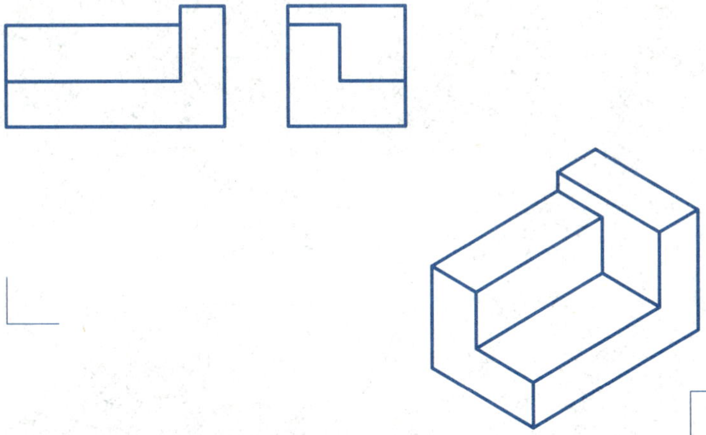

7

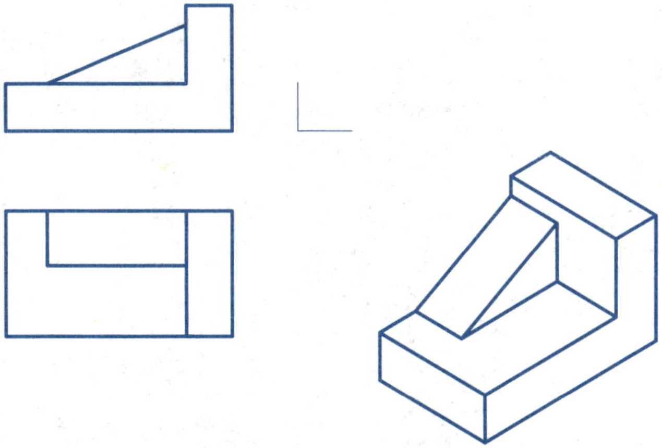

8

班级　　　　姓名　　　　学号　　　　任课老师

根据立体图画三视图。

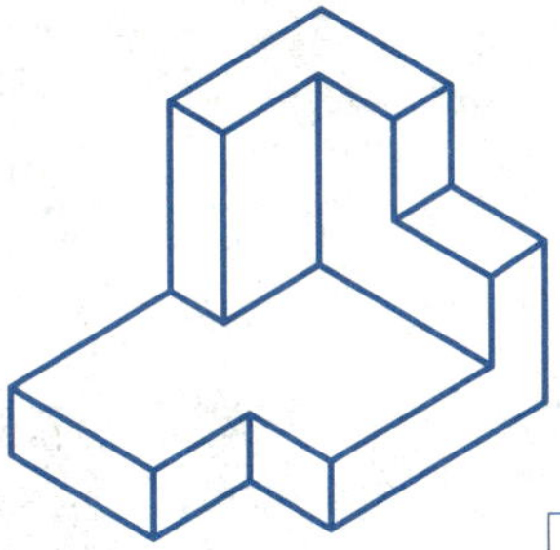

9

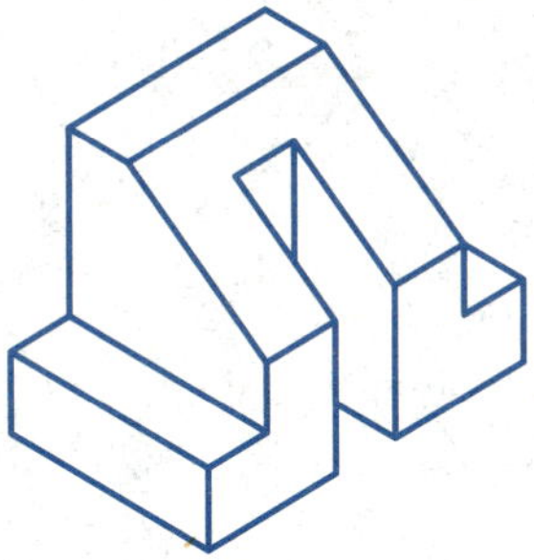

10

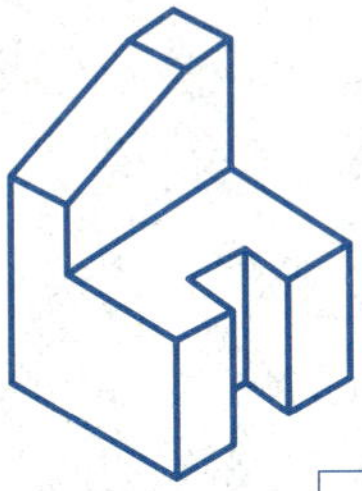

11

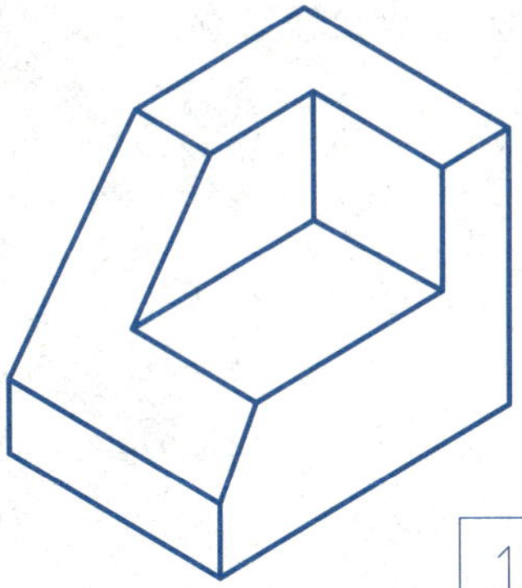

12

已知 E、F、G 三点的空间位置，画出其三面投影图。　(尺寸直接从图中量出)

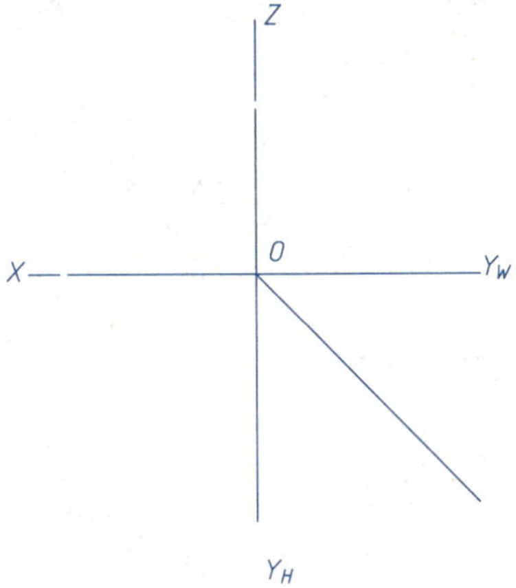

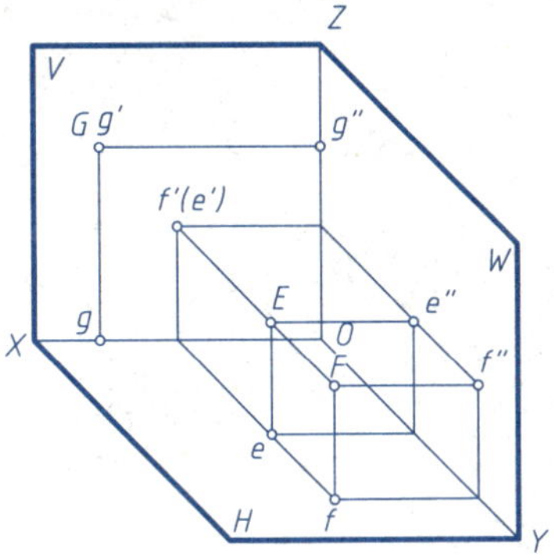

13

已知点A(15,10,20)，点B在A之左10mm，后10mm，下5mm，求直线AB的三面投影。

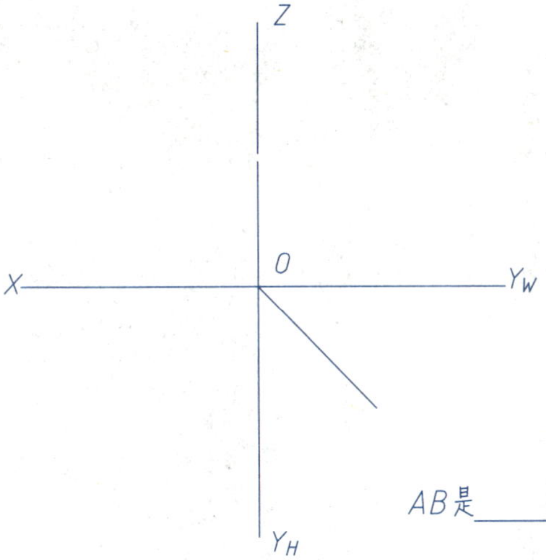

AB是＿＿＿＿线。

14

已知直线EF为正平线，它与V面的距离为20mm，求直线在H、W面上的投影。

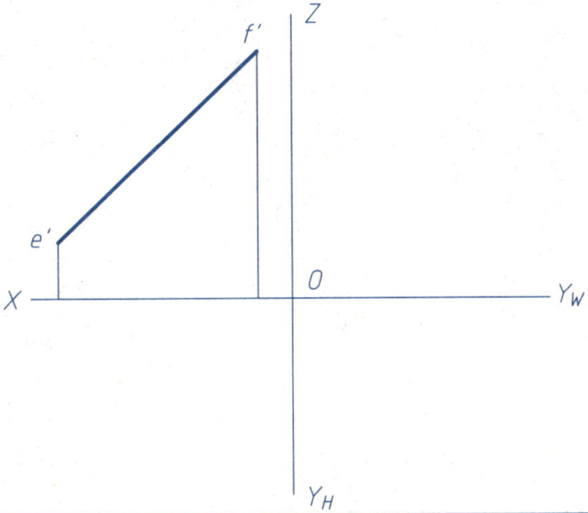

15

已知直线GH为铅垂线，长为20mm，求直线GH的三面投影。

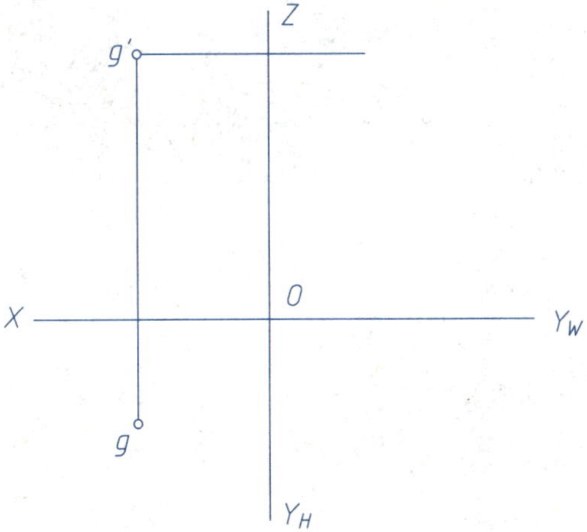

16

班级　　　　姓名　　　　学号　　　　任课老师

已知平面为正垂面，$\alpha=30°$。

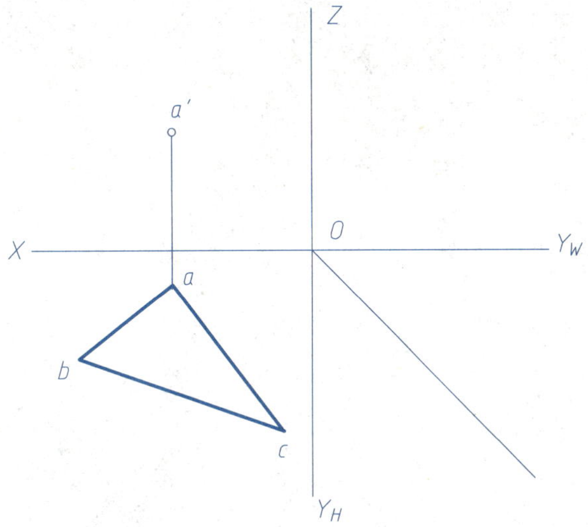

17

试完成平面图形*GKMN*的正面投影。

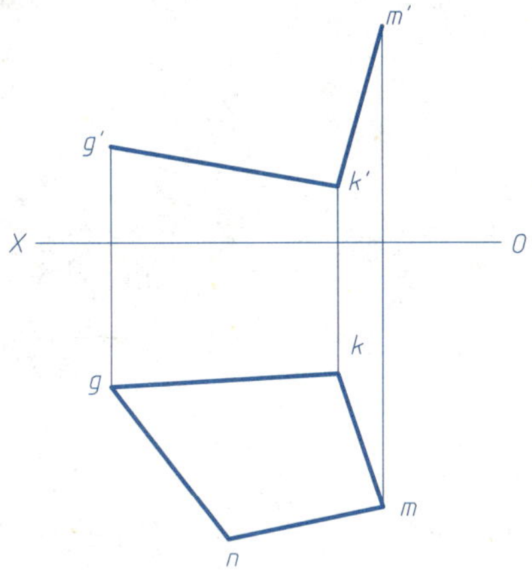

18

根据立体图和已知视图画出第三视图，并在三视图上标出指定直线的三面投影。

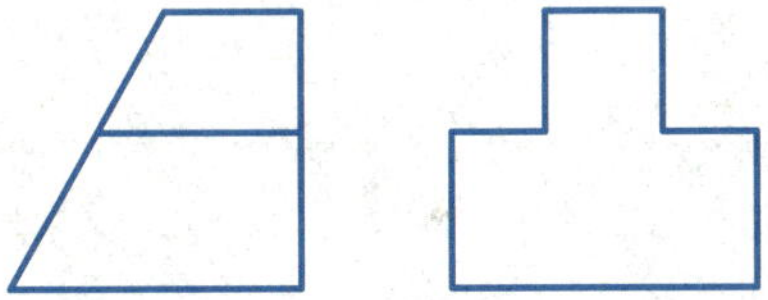

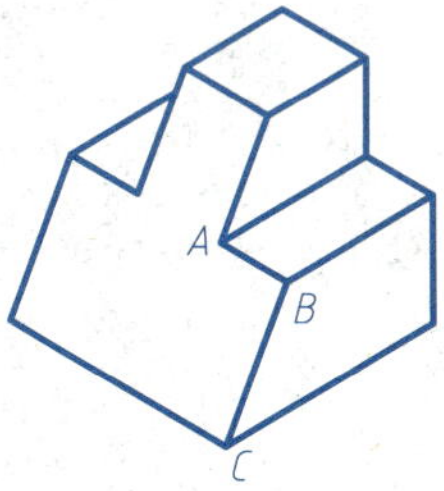

直线*AB*是______线。

直线*BC*是______线。

19

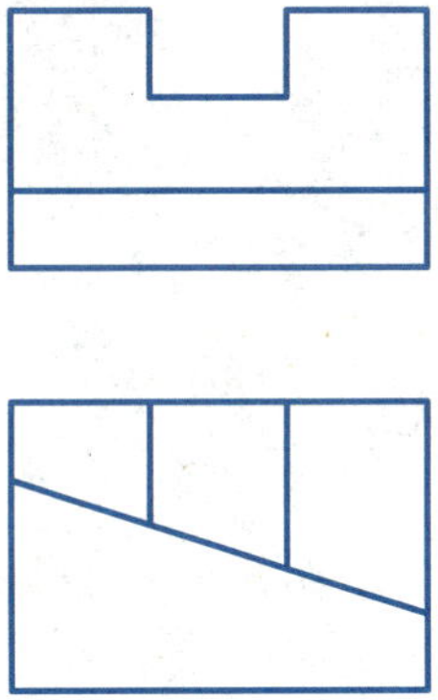

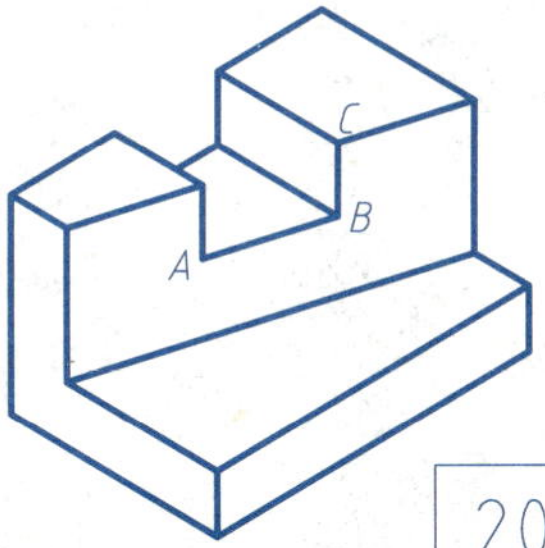

直线*AB*是______线。

直线*BC*是______线。

20

试画出下列物体所缺的视图，并标出指定平面的另两个投影。

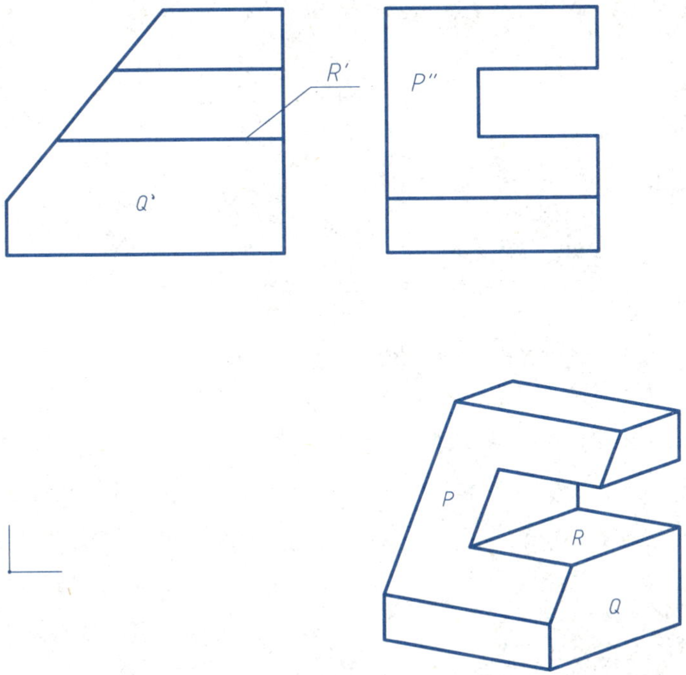

平面 P 是＿＿＿＿＿＿面，

平面 Q 是＿＿＿＿＿＿面，

平面 R 是＿＿＿＿＿＿面。

21

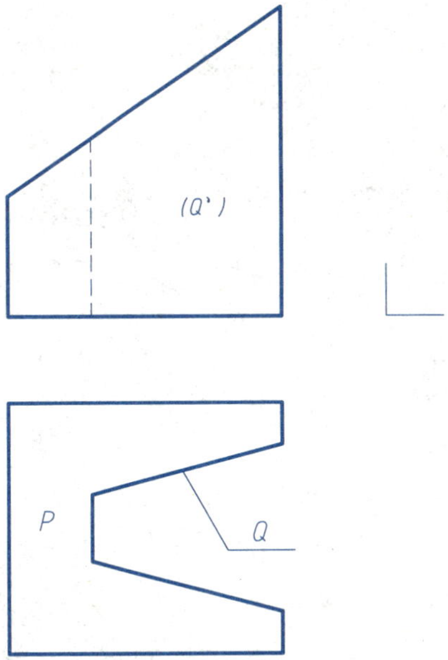

平面 P 是＿＿＿＿＿＿面，

平面 Q 是＿＿＿＿＿＿面。

22

试画出下列物体所缺的视图，并标出指定平面的另两个视图投影。

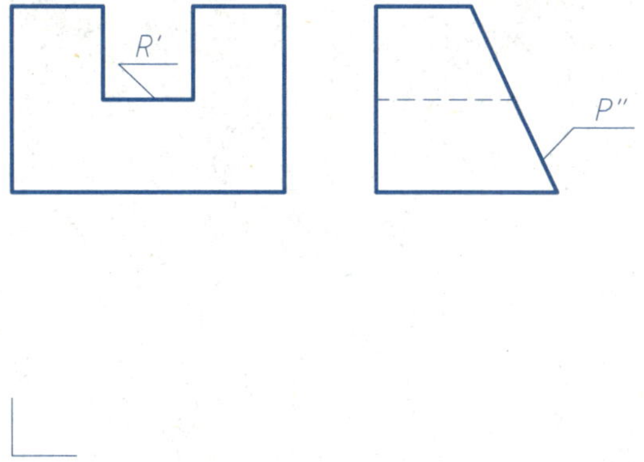

23

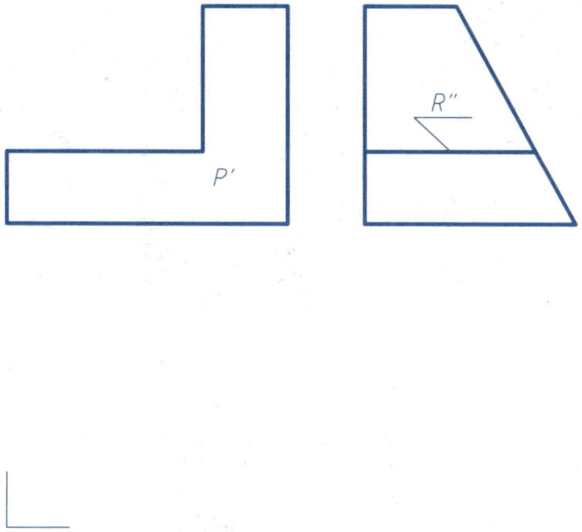

24

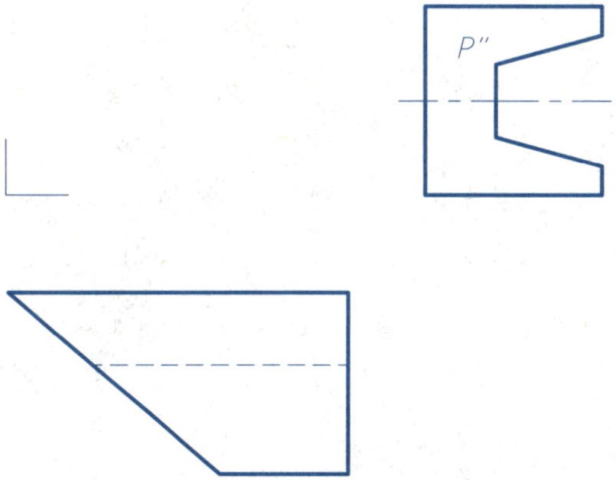

25

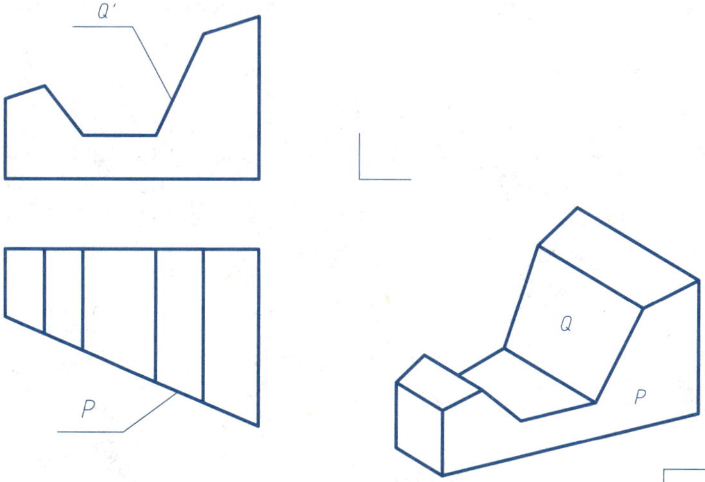

26

求作立体表面上点、线的其余两个投影。

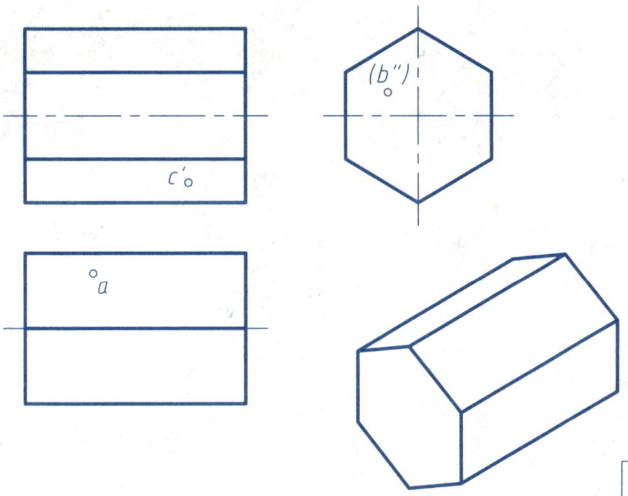

27

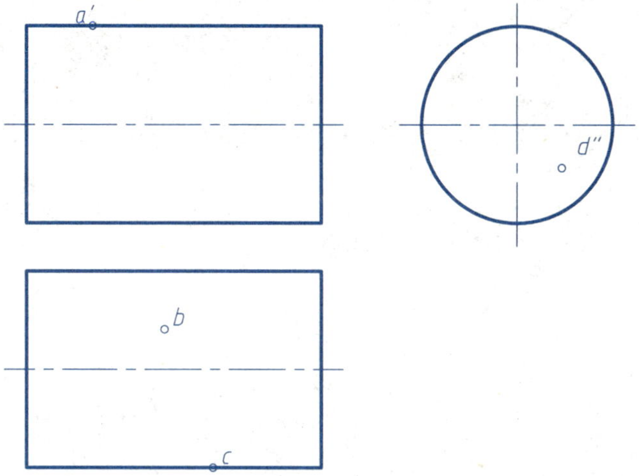

28

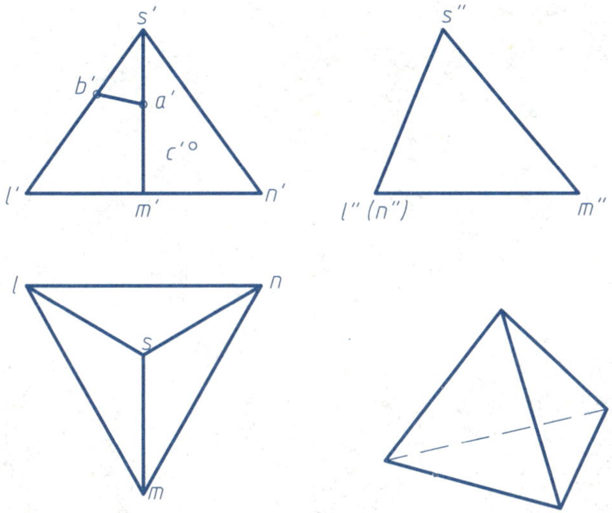

29

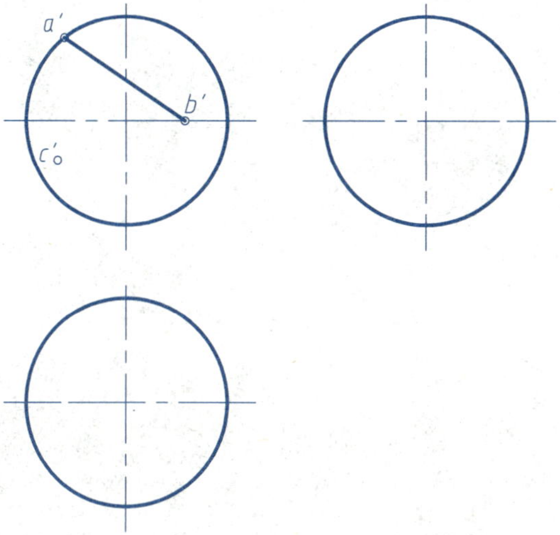

30

班级　　　　姓名　　　　学号　　　　任课老师

求作立体的第三视图及表面上点的其余投影。

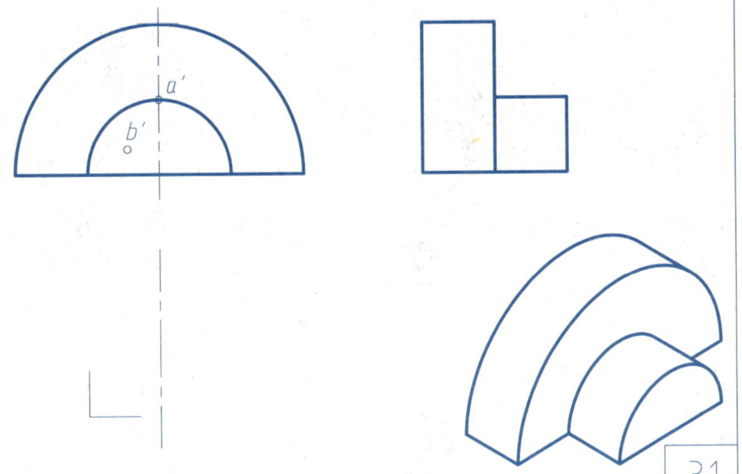

31

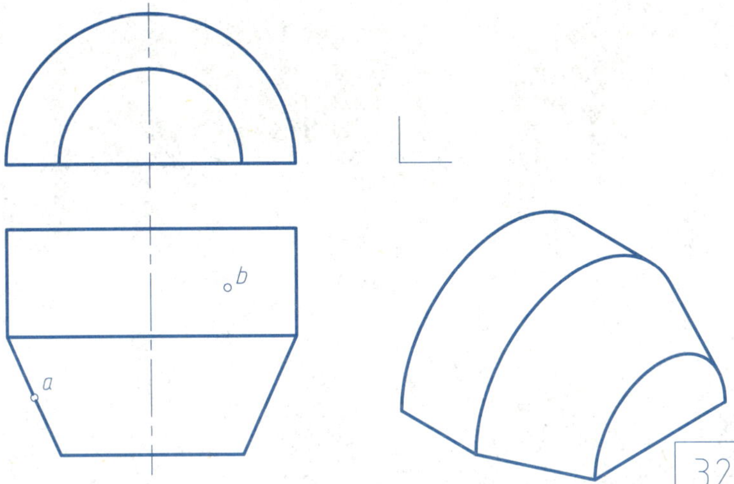

32

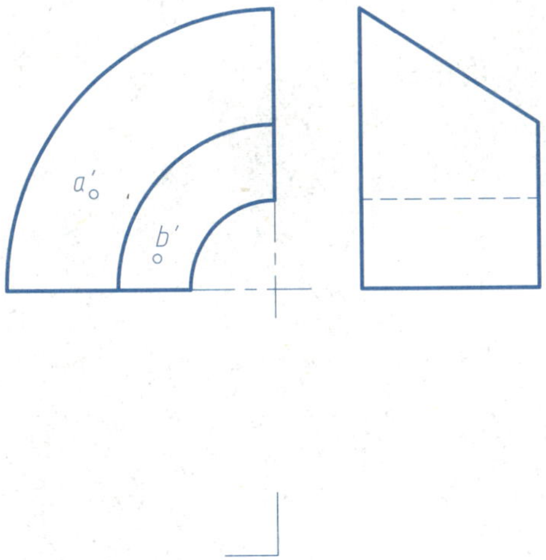

33

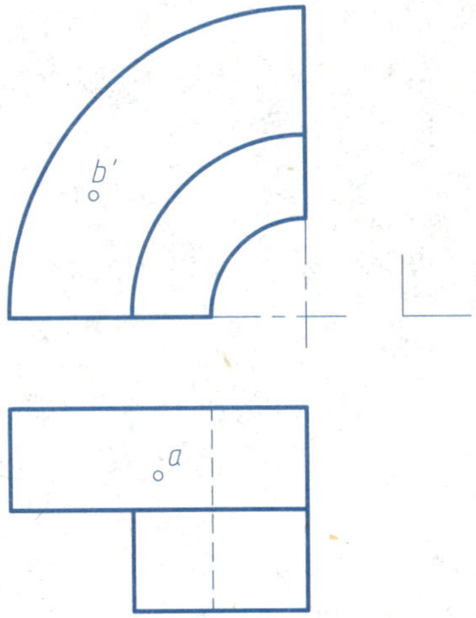

34

分析截切形体的表面交线，画全三视图。

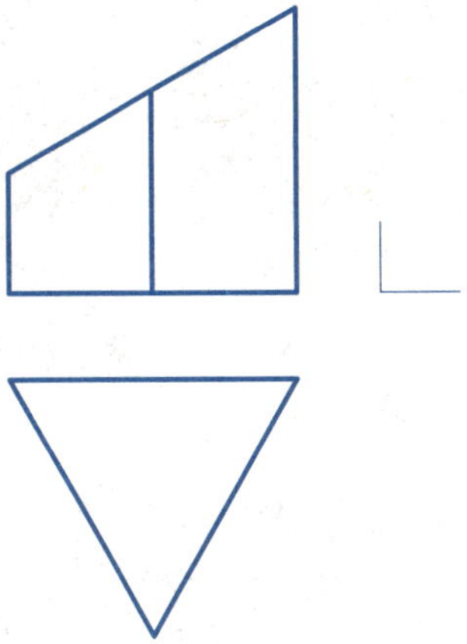

35

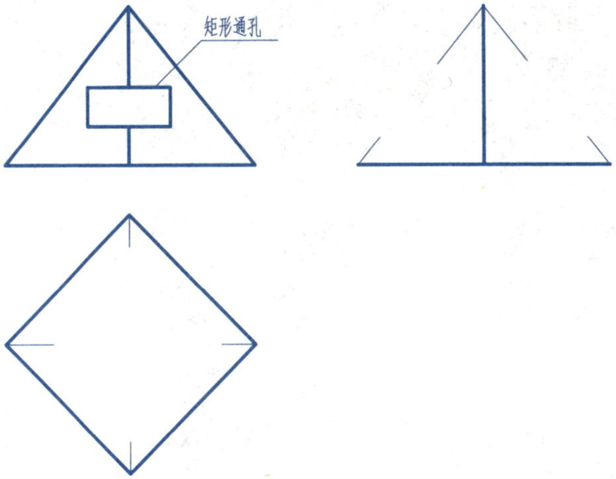

36

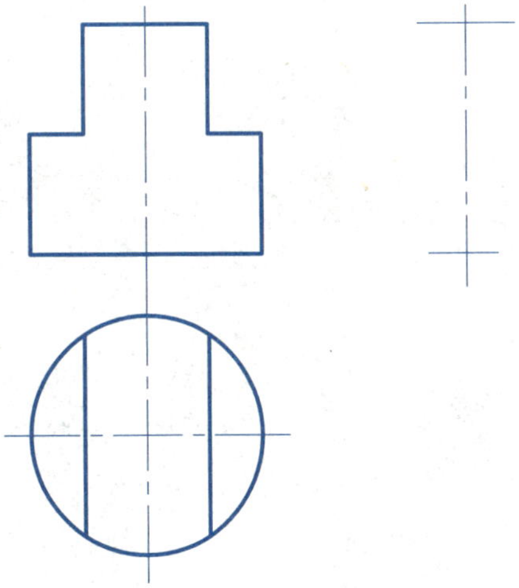

37

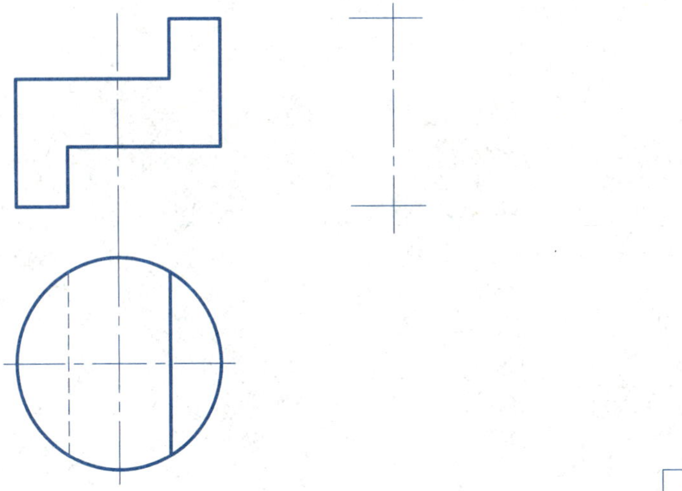

38

班级　　　　姓名　　　　学号　　　　任课老师

分析截切形体的表面交线，画全三视图。

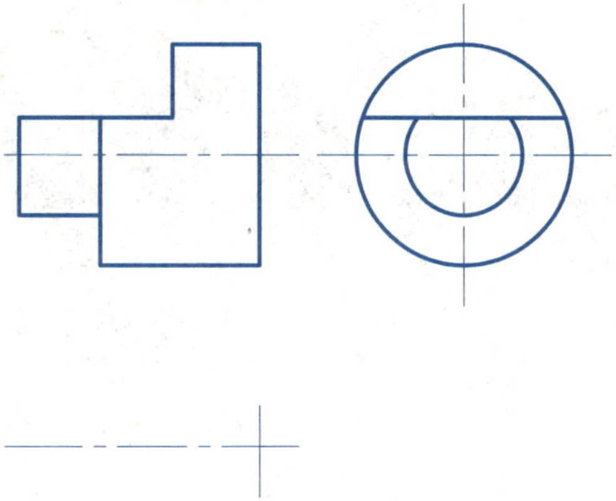

39

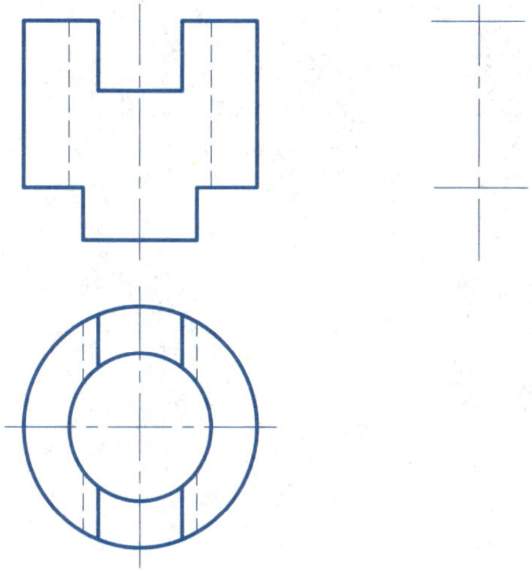

40

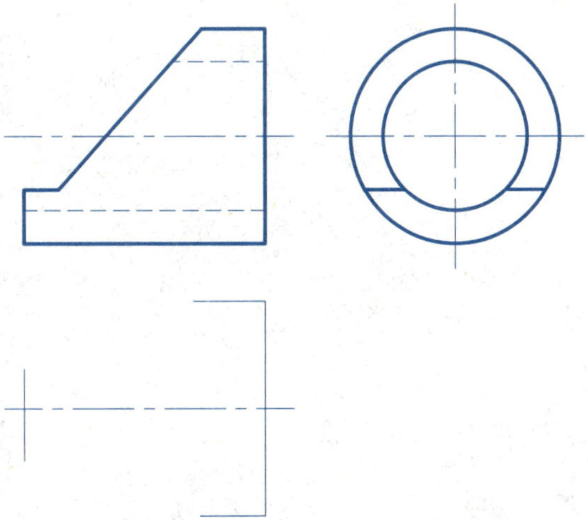

41

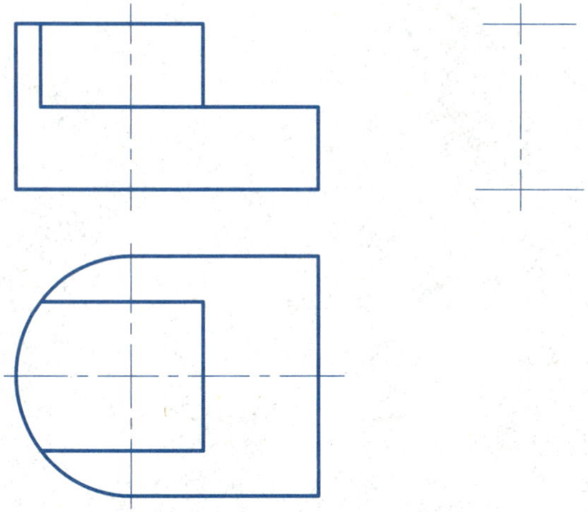

42

分析截切形体的表面交线，画全三视图。

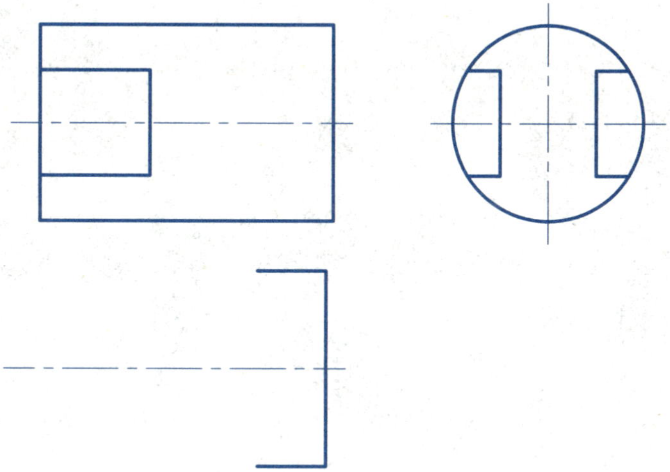

43

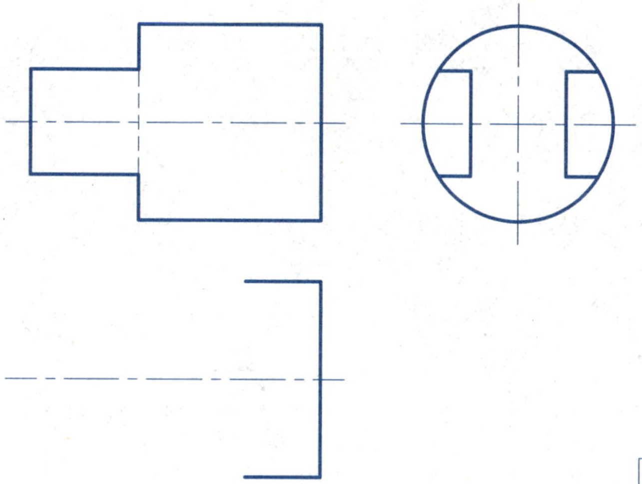

44

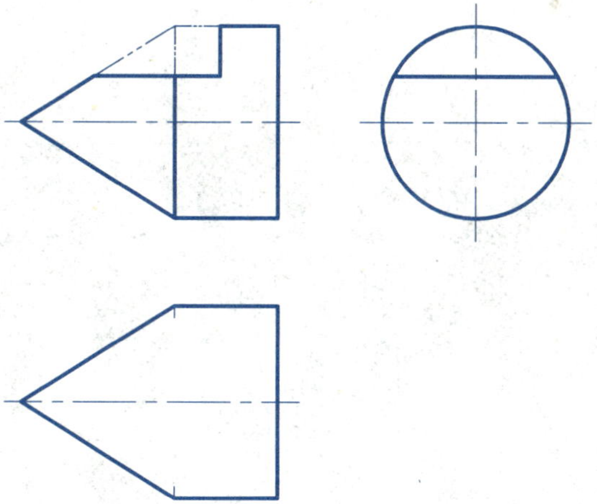

*45

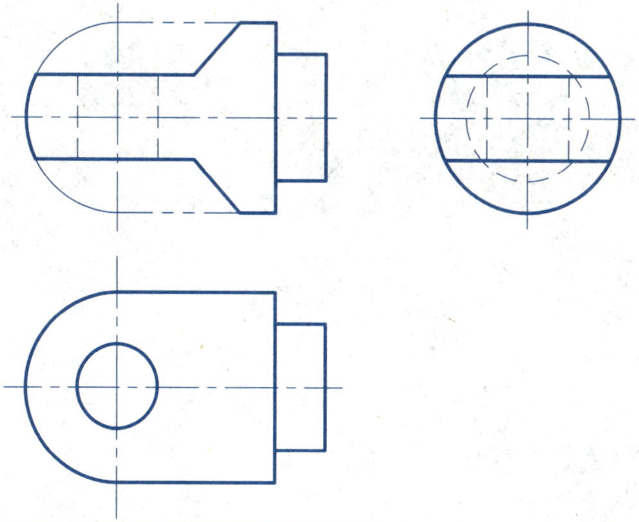

*46

班级　　　　姓名　　　　学号　　　　任课老师

分析相贯形体的表面交线，画全三视图。

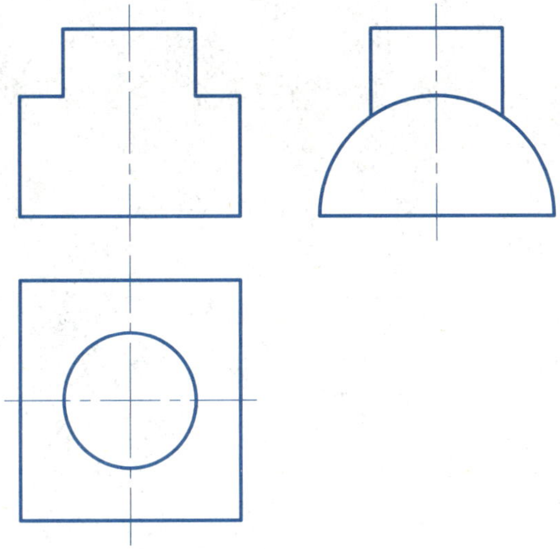

47

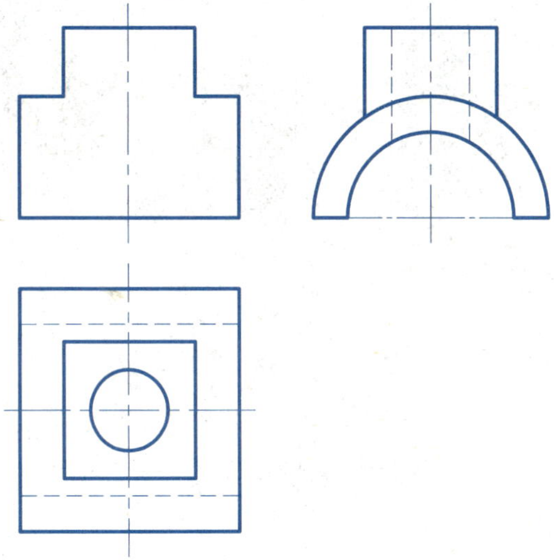

48

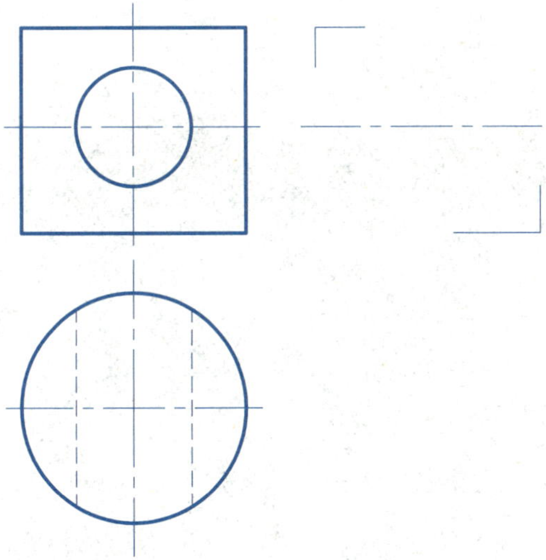

49

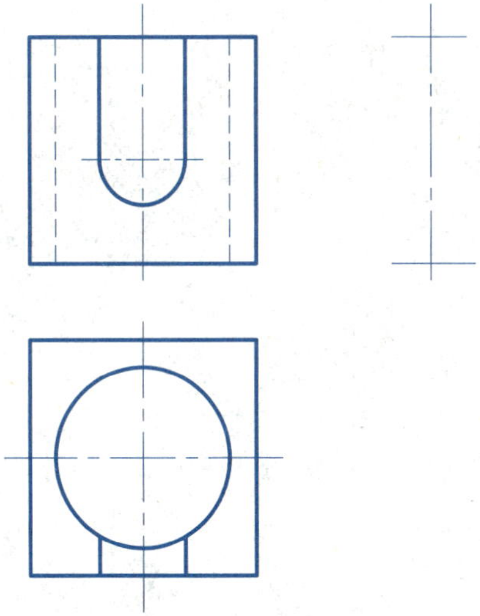

50

班级　　　　姓名　　　　学号　　　　任课老师

分析相贯形体的表面交线，画全三视图。

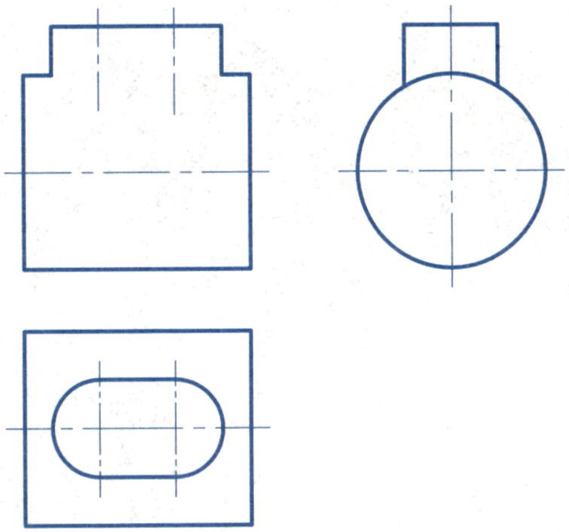

51

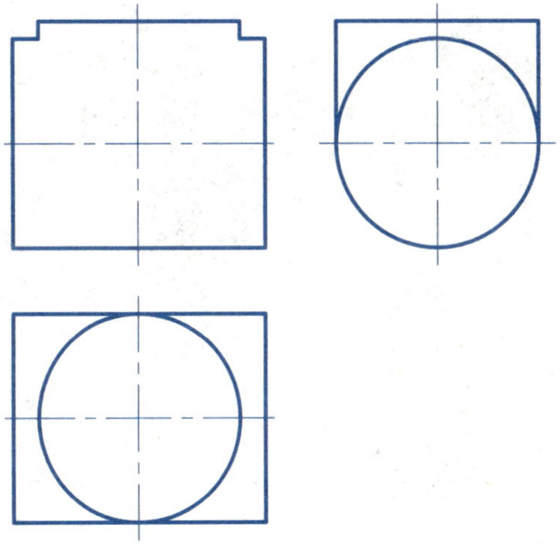

52

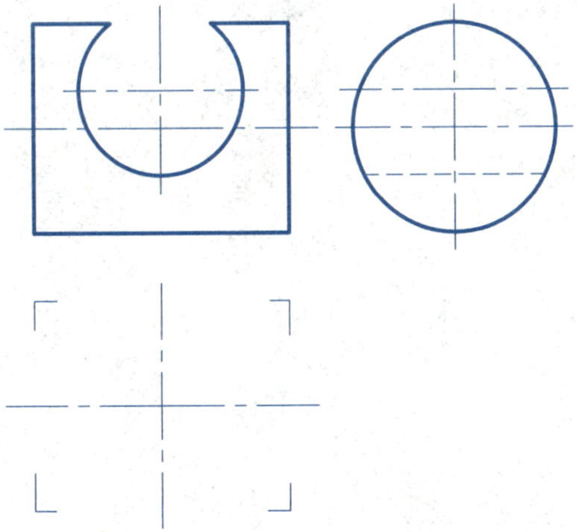

*53

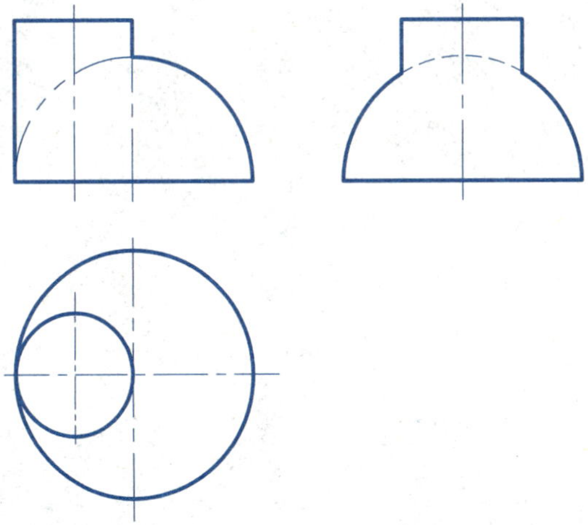

*54

班级　　　姓名　　　学号　　　任课老师

分析相贯形体的表面交线，画全三视图。

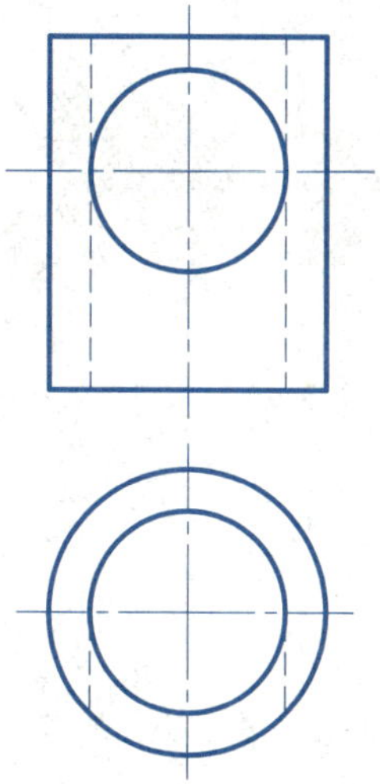

55

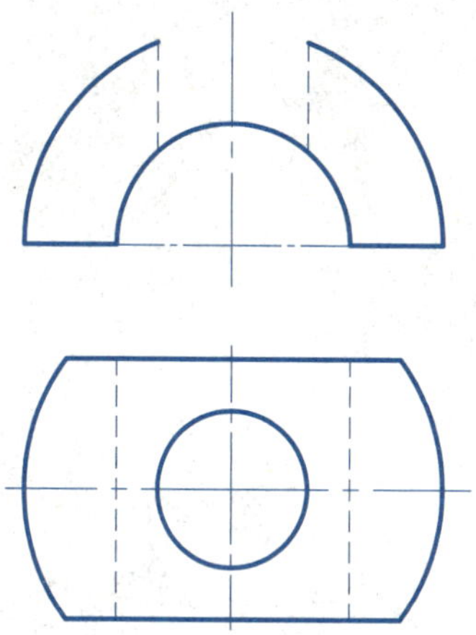

56

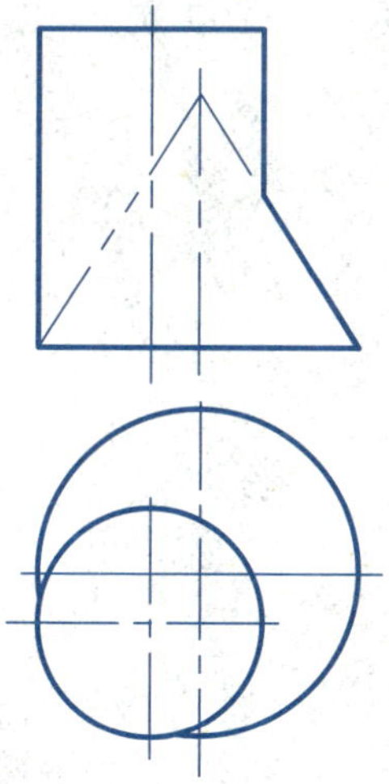

57

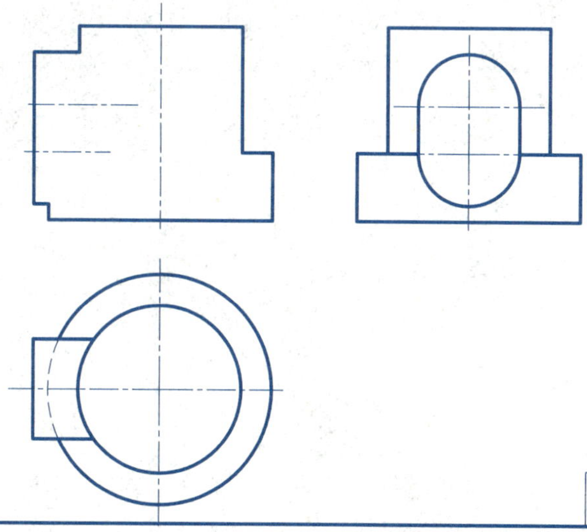

58

根据下列物体的立体图，画出三视图（尺寸由立体图量取）。

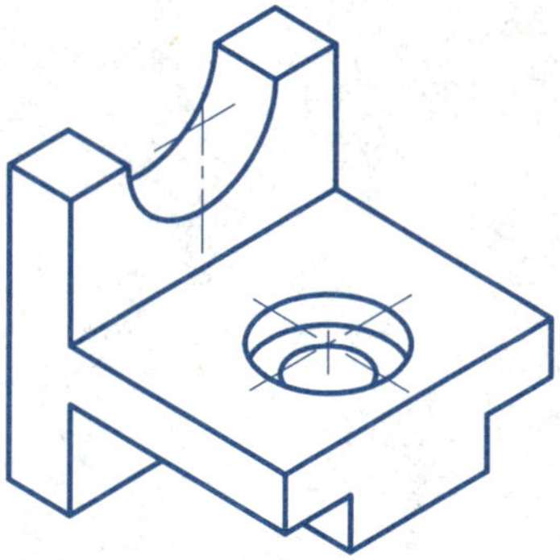

59

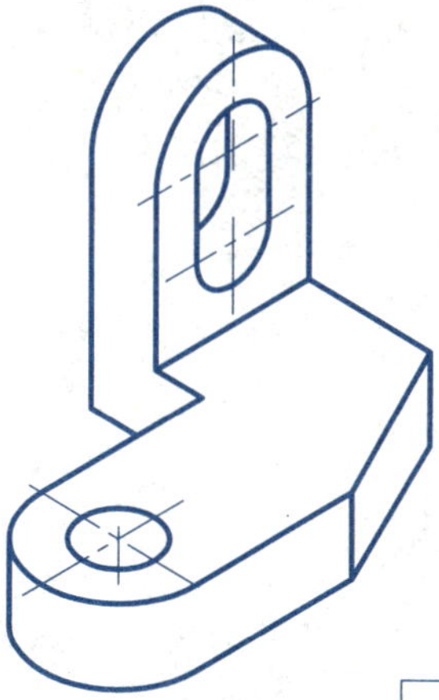

60

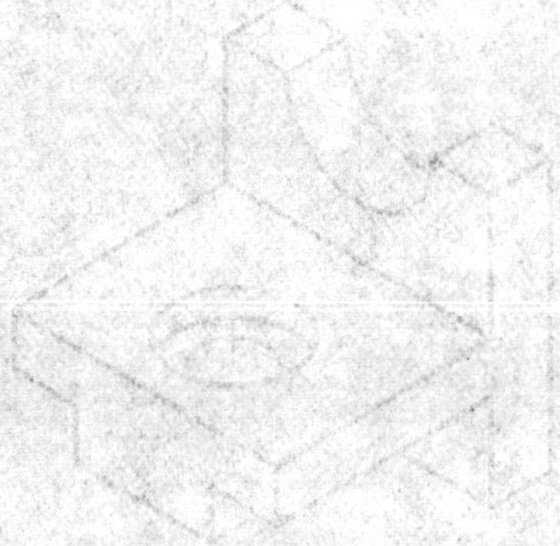

班级　　　　姓名　　　　学号　　　　任课老师

补画下列三视图中所缺的线。

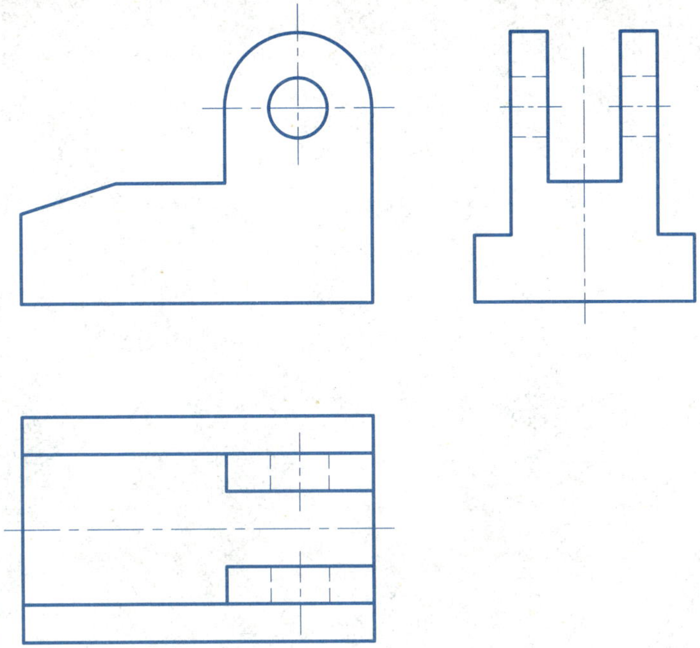

61

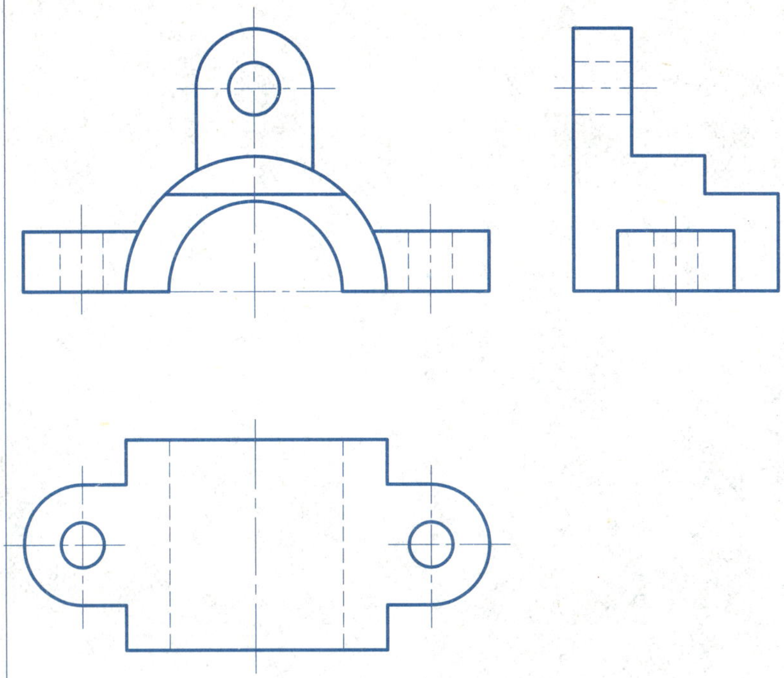

62

班级　　姓名　　学号　　任课老师

根据给定的两视图，画出第三视图。

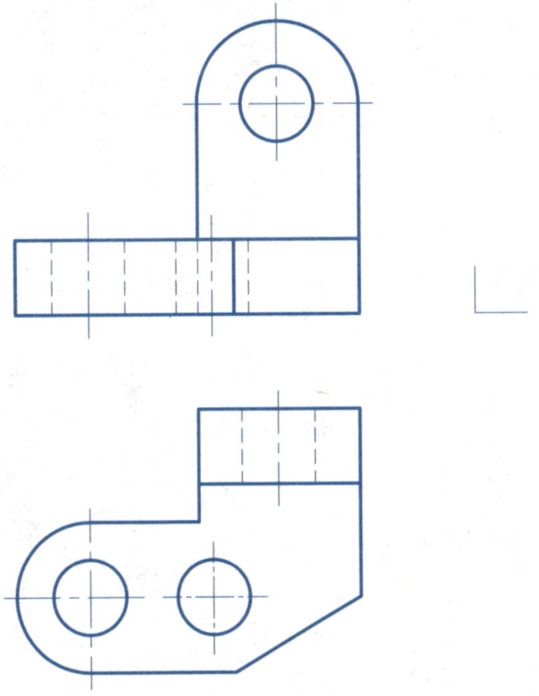

63

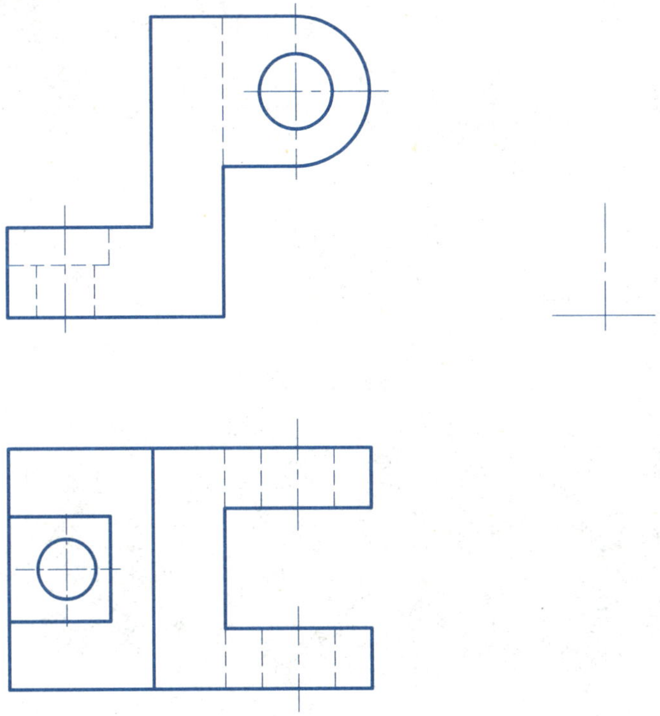

64

班级　　　　姓名　　　　学号　　　　任课老师

根据给定的两视图，画出第三视图。

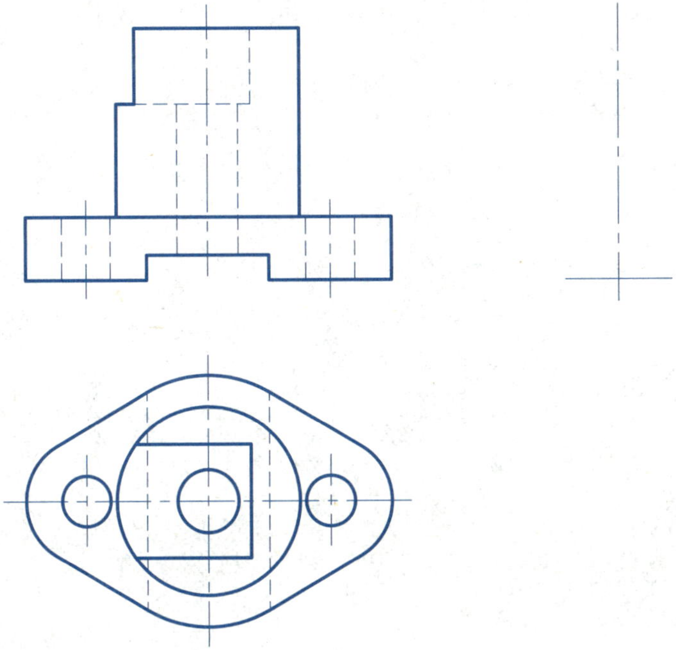

65

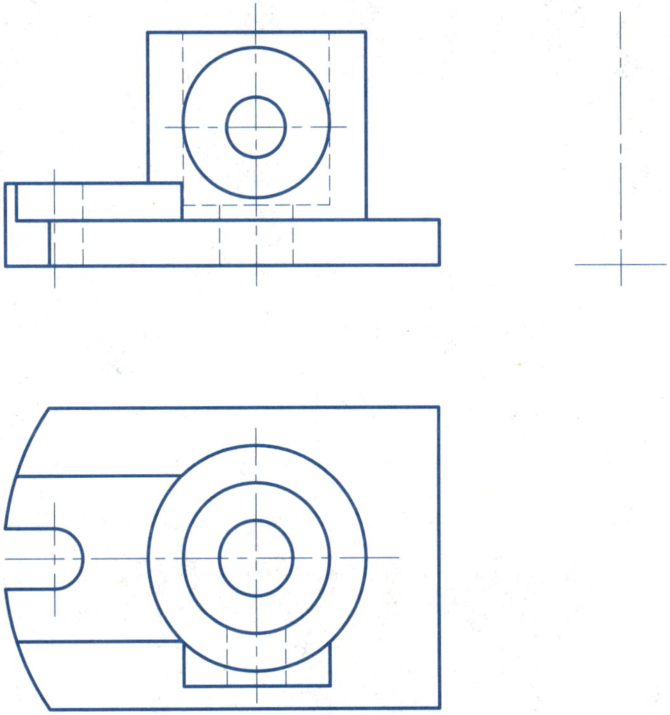

66

根据给定的两视图，画出第三视图。

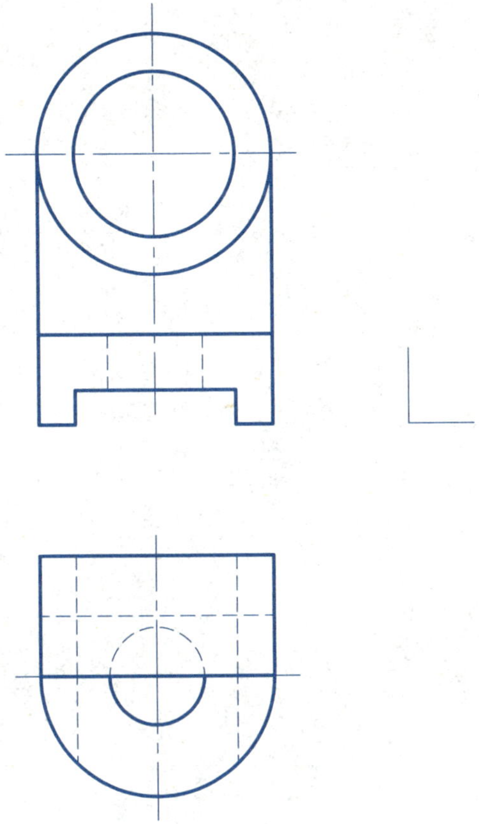

67

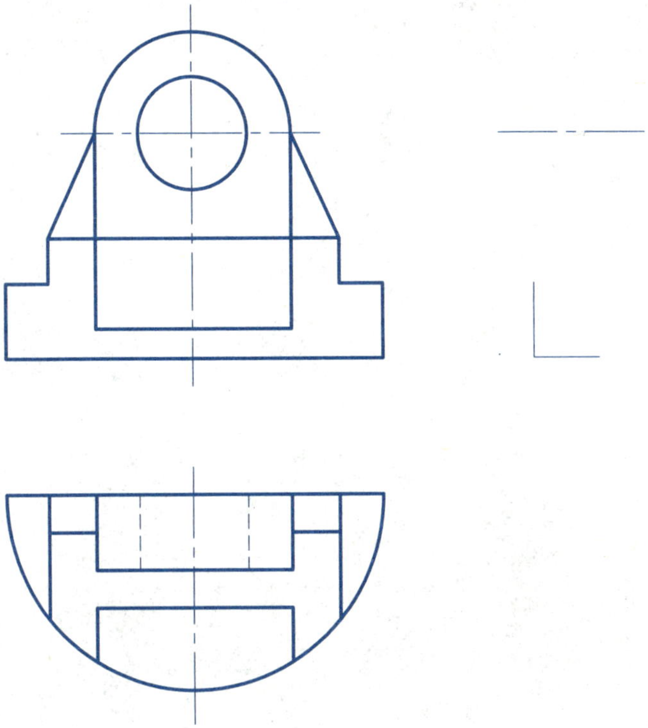

68

班级　　姓名　　学号　　任课老师

根据给定的两视图，画出第三视图。

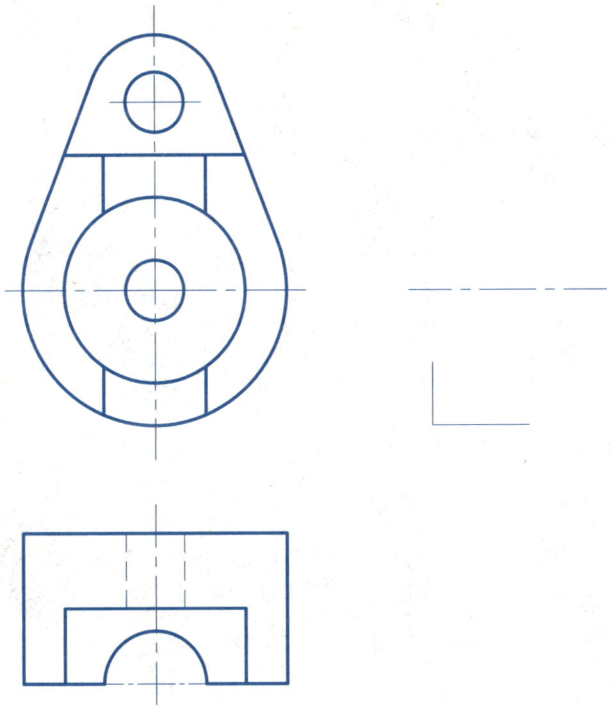

69

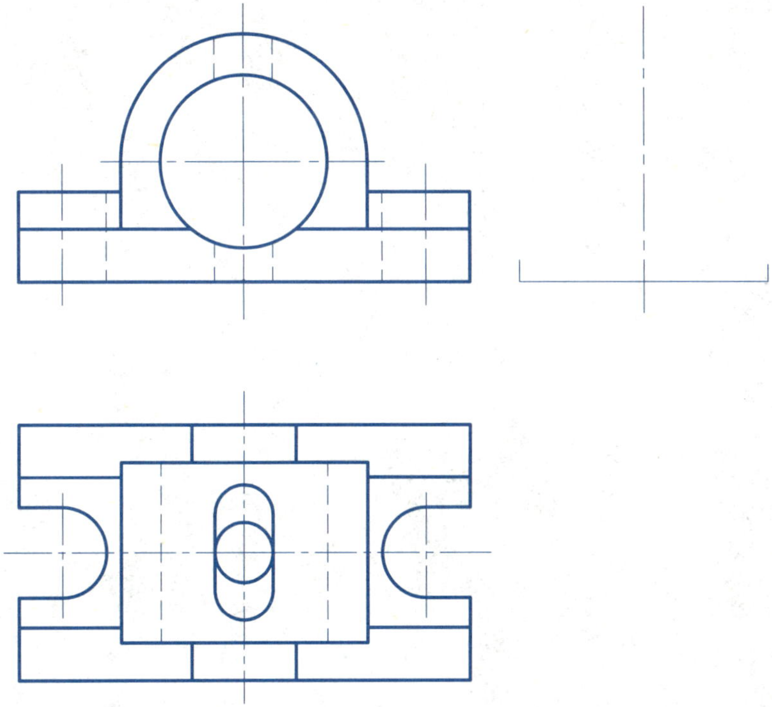

70

班级　　　　姓名　　　　学号　　　　任课老师

根据给定的两视图，画出第三视图。

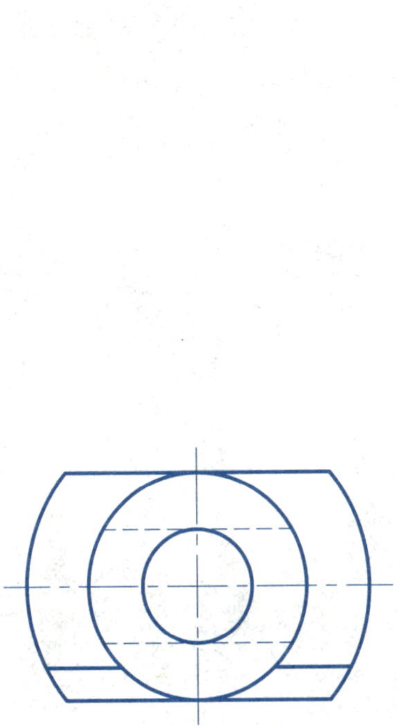

*71

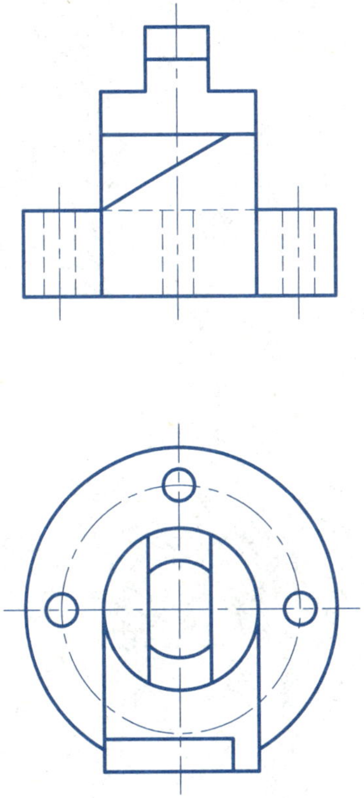

*72

班级　　姓名　　学号　　任课老师

试在下列视图上标注尺寸（尺寸数值取整，在图中量取）。

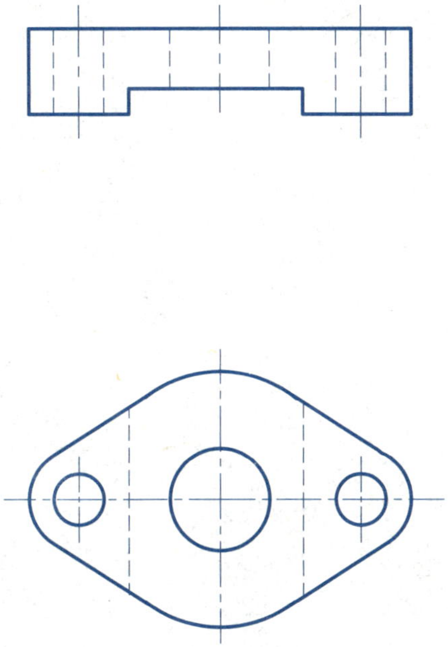

73

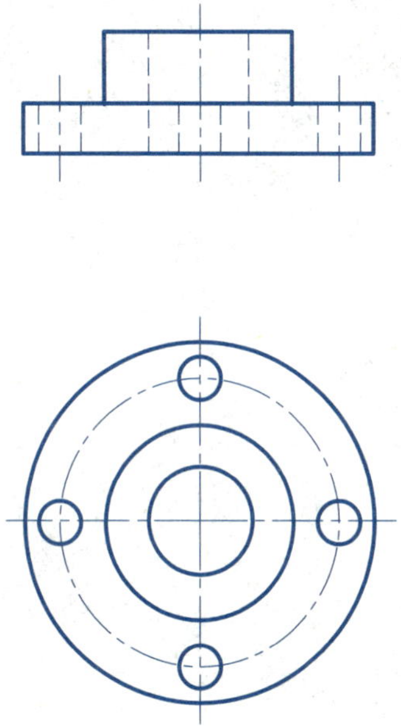

74

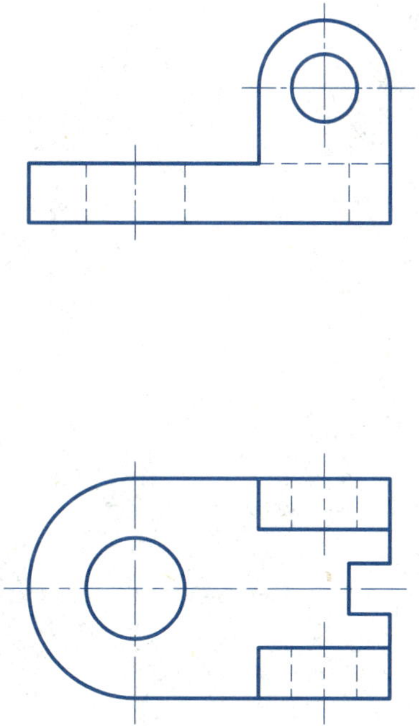

75

班级　　　　姓名　　　　学号　　　　任课老师

试在下列视图上标注尺寸（尺寸数值取整，在图中量取）。

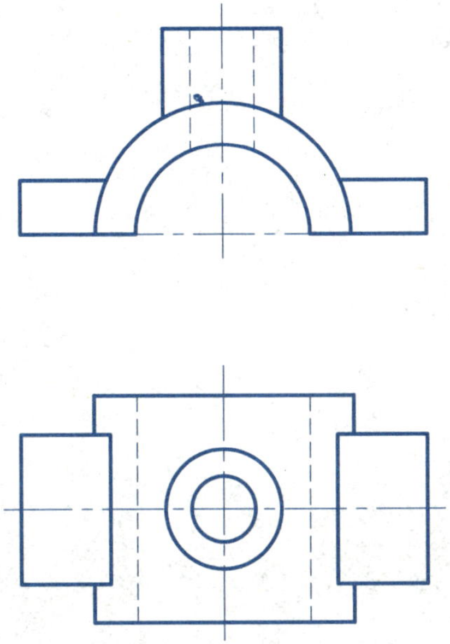

76

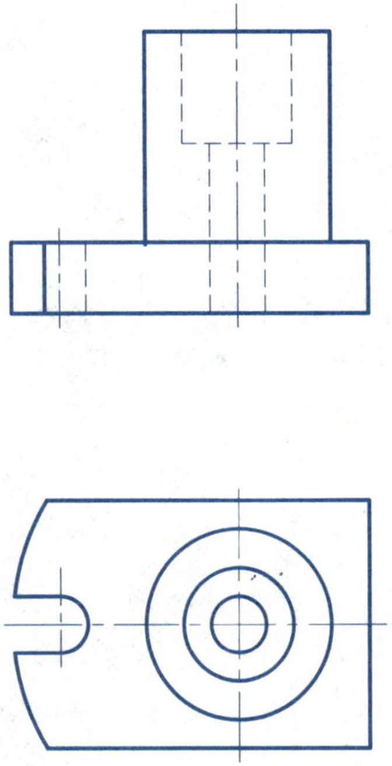

77

根据已知尺寸，按1:1的比例在3号纸上画出物体的主、俯、左三个视图，并标注尺寸。

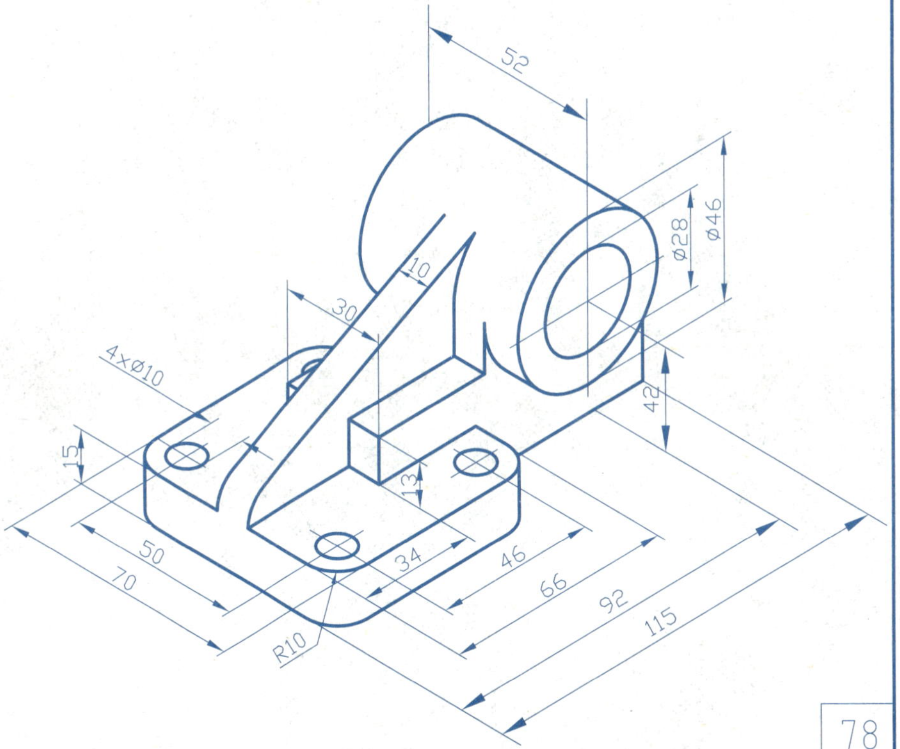

78

班级　　　　姓名　　　　学号　　　　任课老师

根据已知尺寸，按1：1的比例在3号纸上画出物体的主、俯、左三个视图，并标注尺寸。

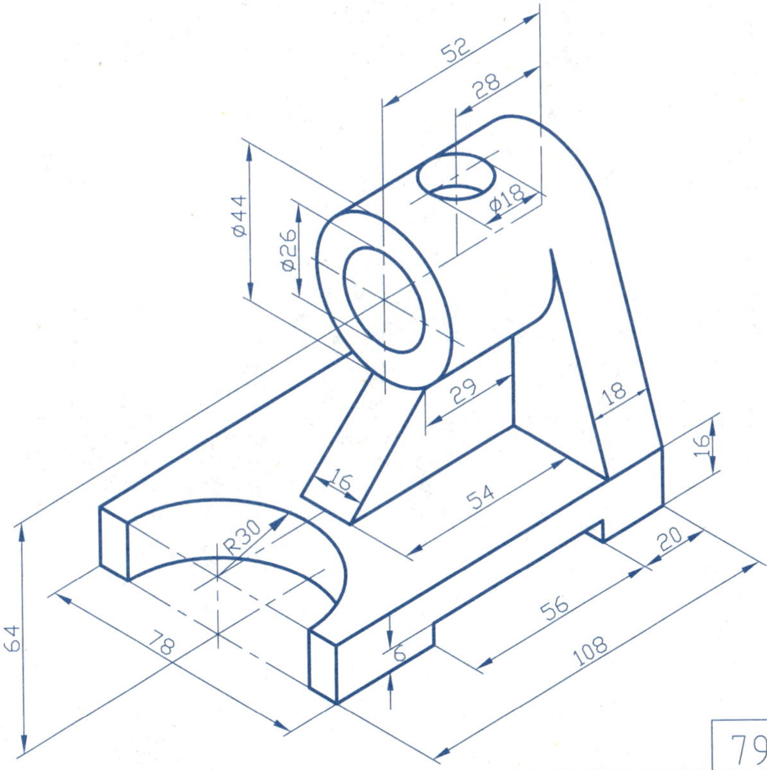

79

试在空白处画出图示物体的正等测图。

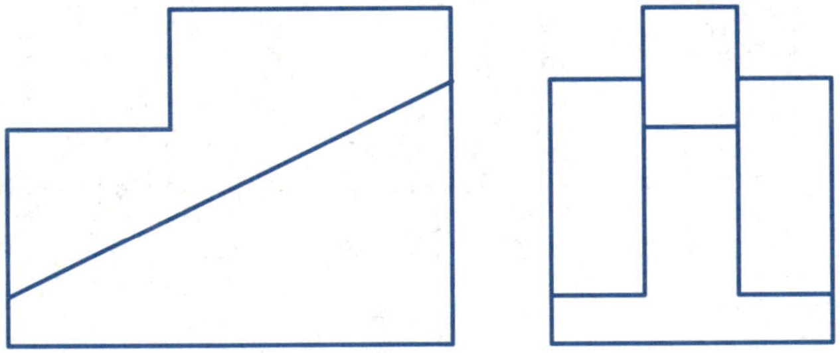

80

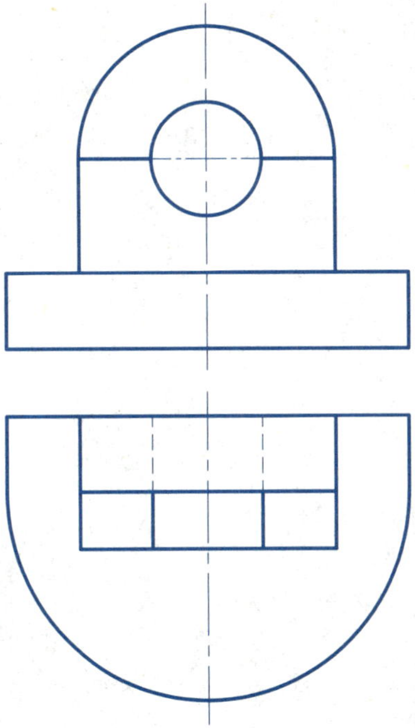

81

班级　　　　姓名　　　　学号　　　　任课老师

试在空白处画出图示物体的斜二测图。

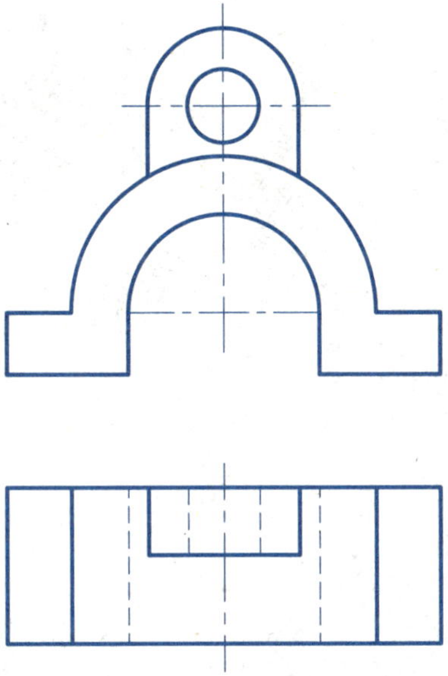

82

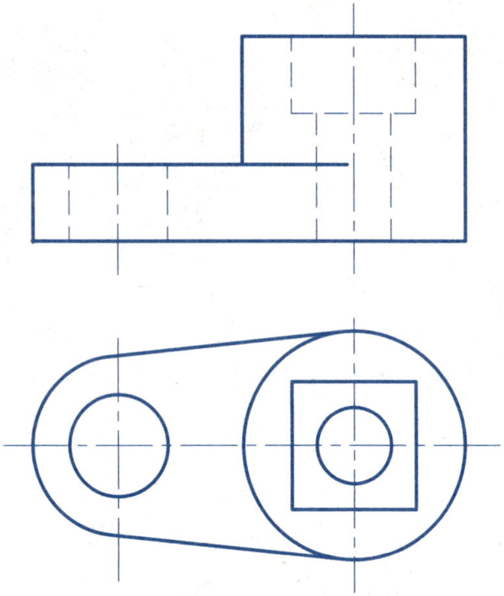

83

补画物体的其他基本视图。

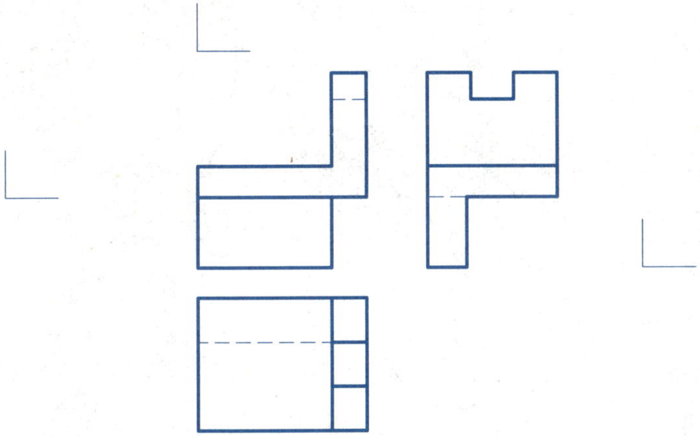

84

按箭头所示，在对应视图上标注视图名称。

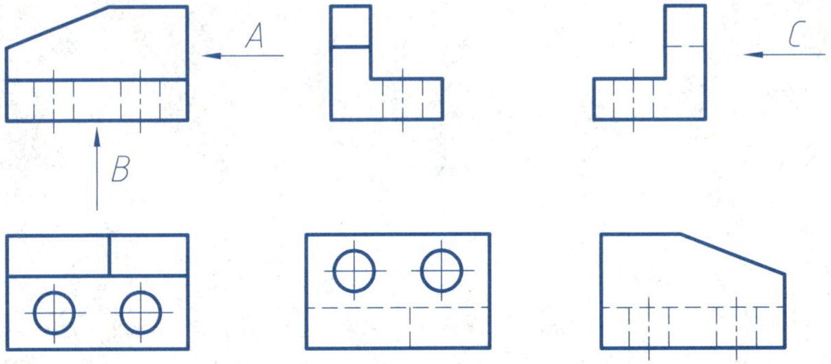

85

画出A向斜视图和B向局部视图。

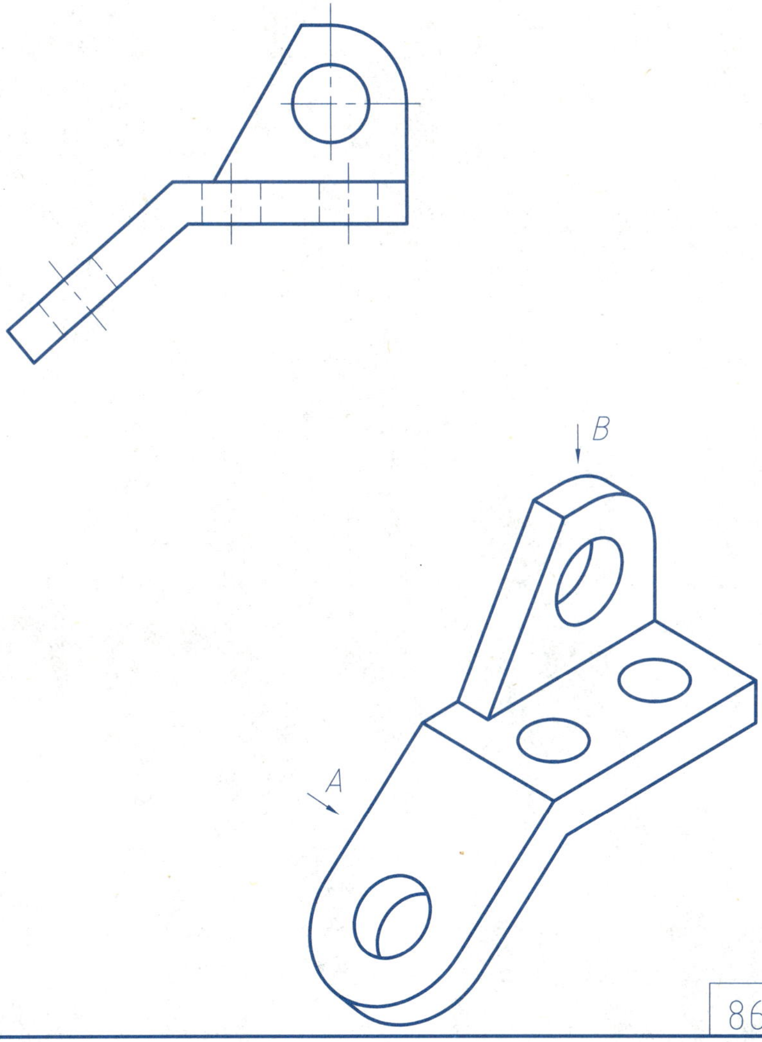

86

班级　　　姓名　　　学号　　　任课老师

分析下面机件剖视图中的错误，并在指定位置画出正确的剖视图。

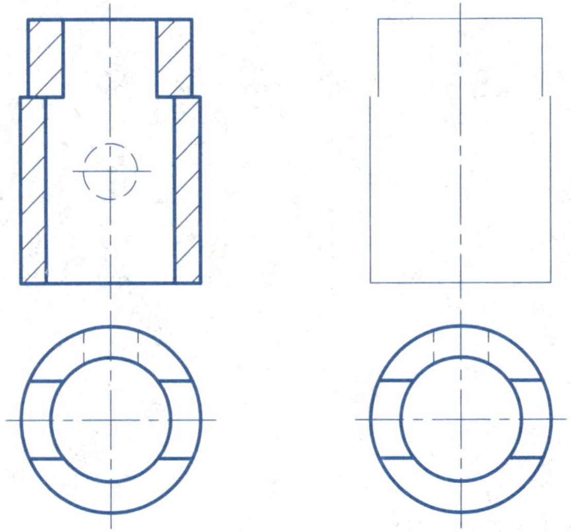

87

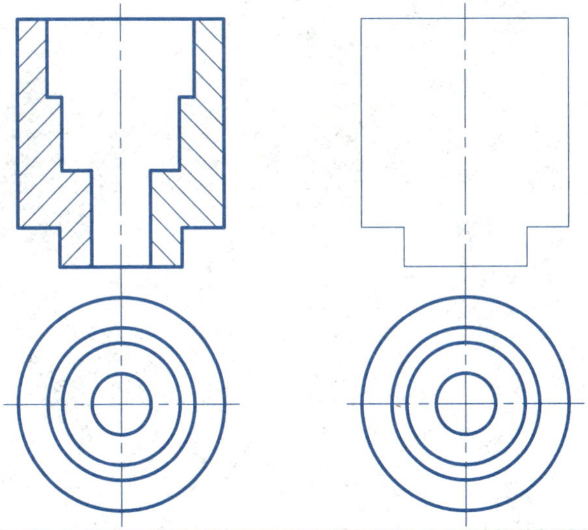

89

补全剖视图中遗漏的图线。

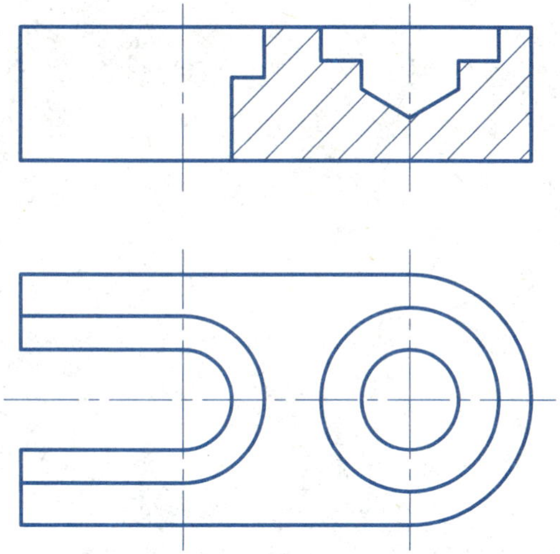

88

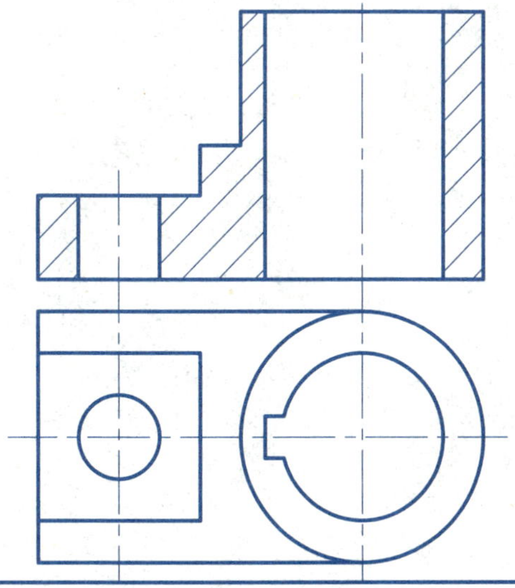

90

班级　　姓名　　学号　　任课老师

将下面机件的主视图改画成全剖视图。

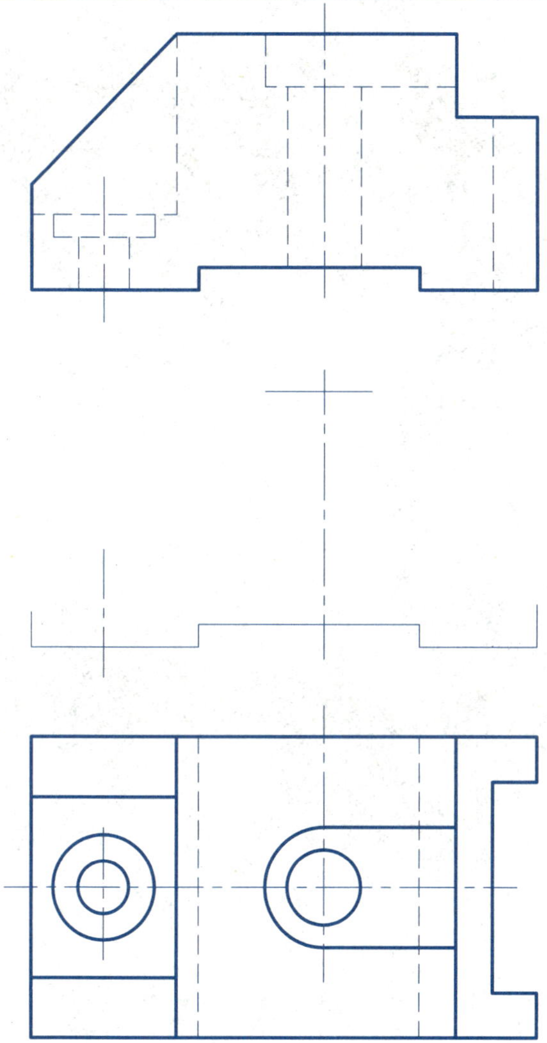

91

将下面机件的主视图改画成半剖视图。

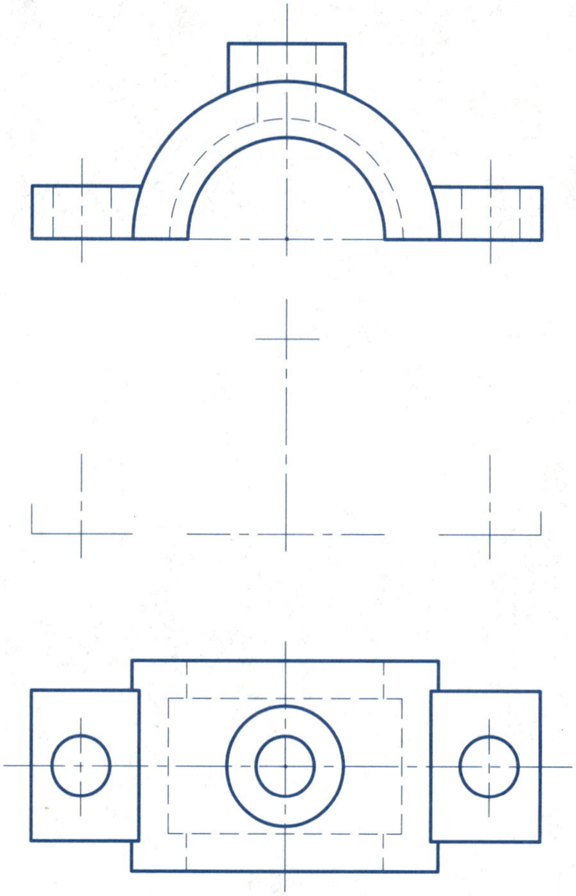

92

班级　　姓名　　学号　　任课老师

将下面机件的主视图改画成半剖视图。

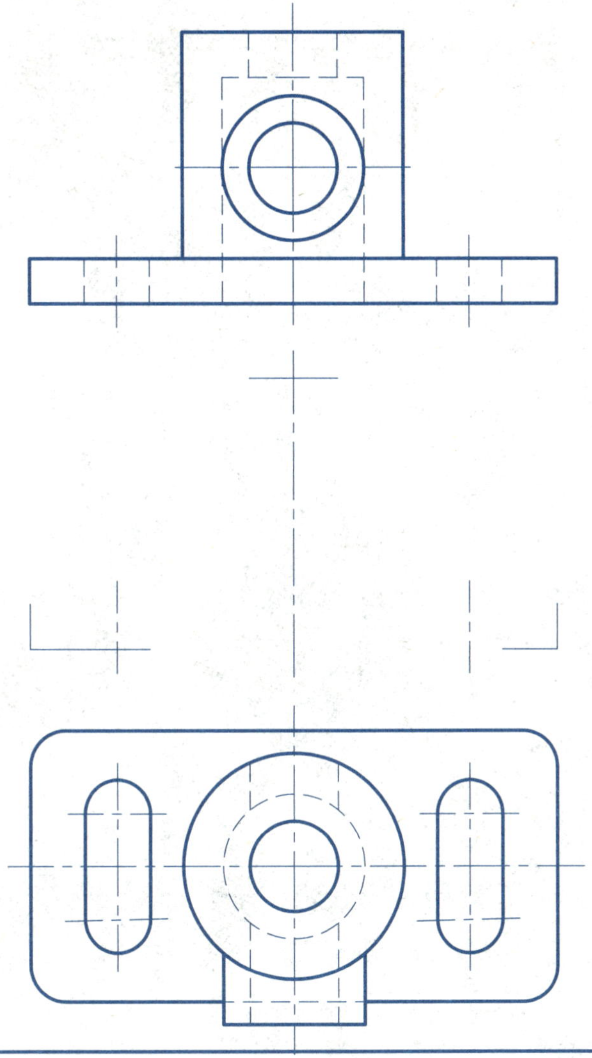

93

指出局部剖视图中的错误，将正确的画在右边。

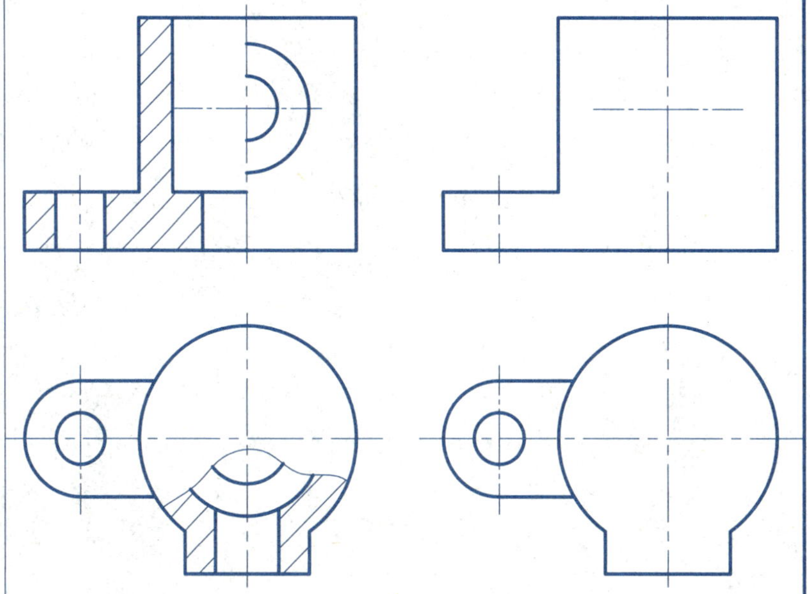

94

班级　　　　姓名　　　　学号　　　　任课老师

画全下面机件的主视图（B-B剖视图）。

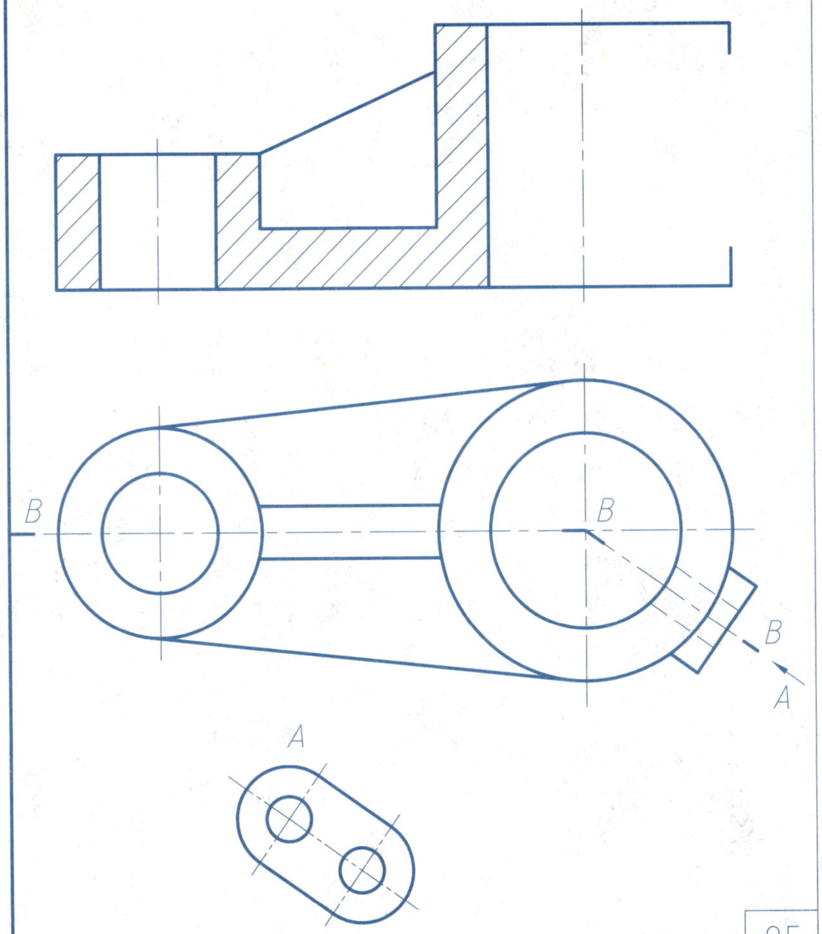

95

将机件的主视图改画成阶梯剖视图。

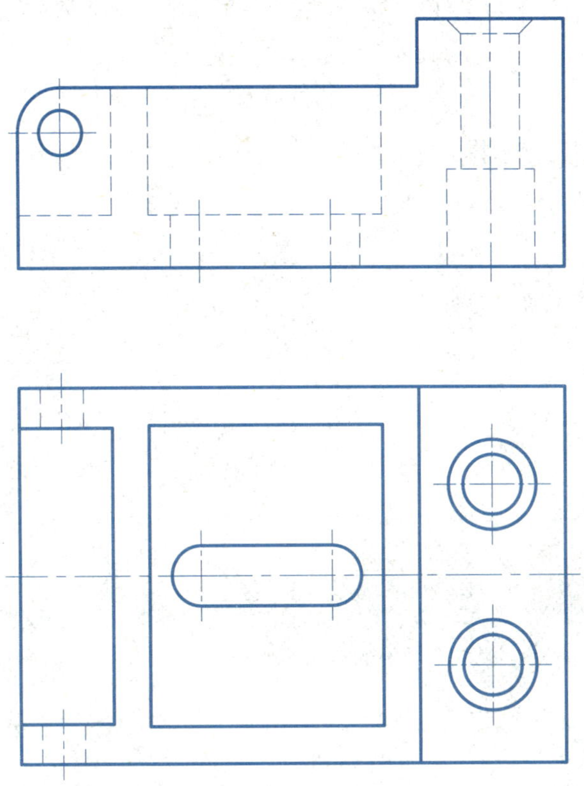

96

在指定位置，将主视图画成全剖视图，并补画半剖的左视图。

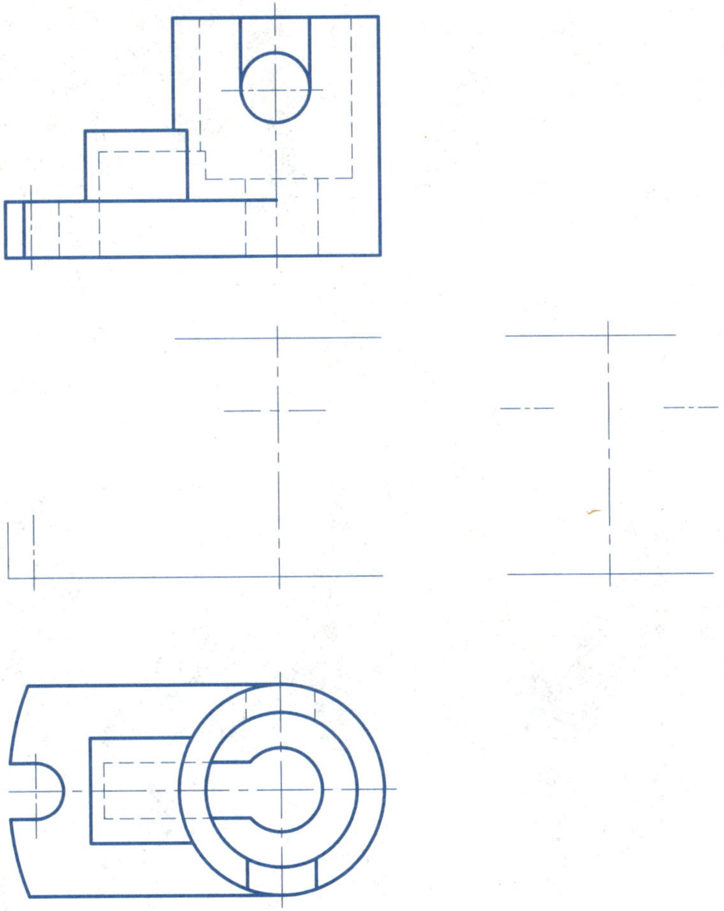

97

在指定位置，将主视图画成半剖视图，并补画半剖的左视图。

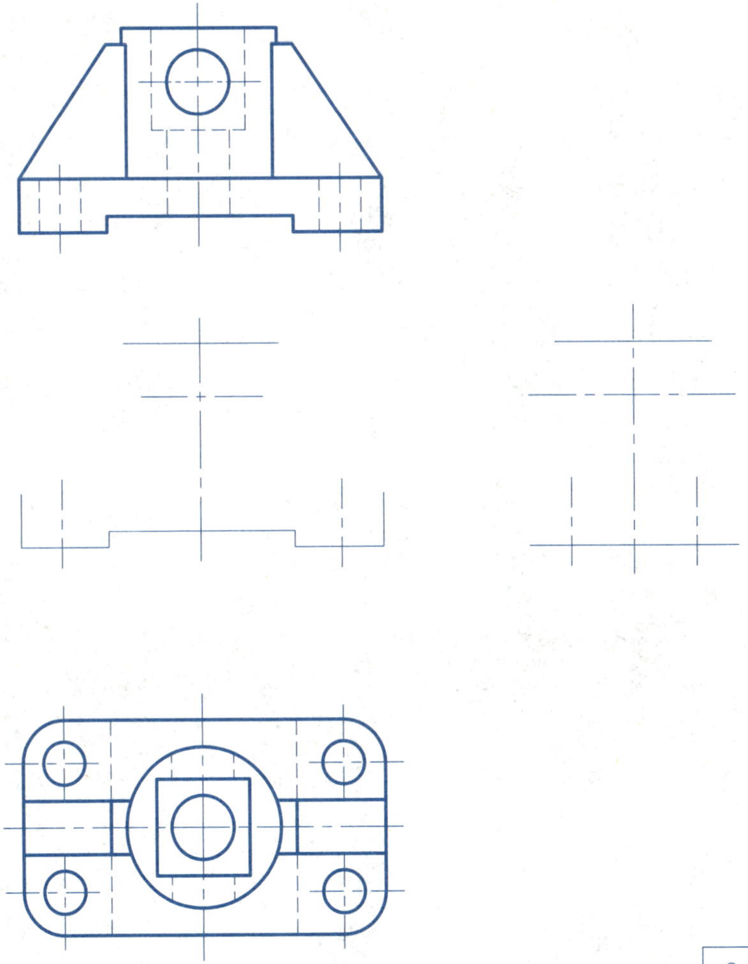

98

班级　　　　姓名　　　　学号　　　　任课老师

在指定位置，将主视图和左视图改画成适当的剖视图。

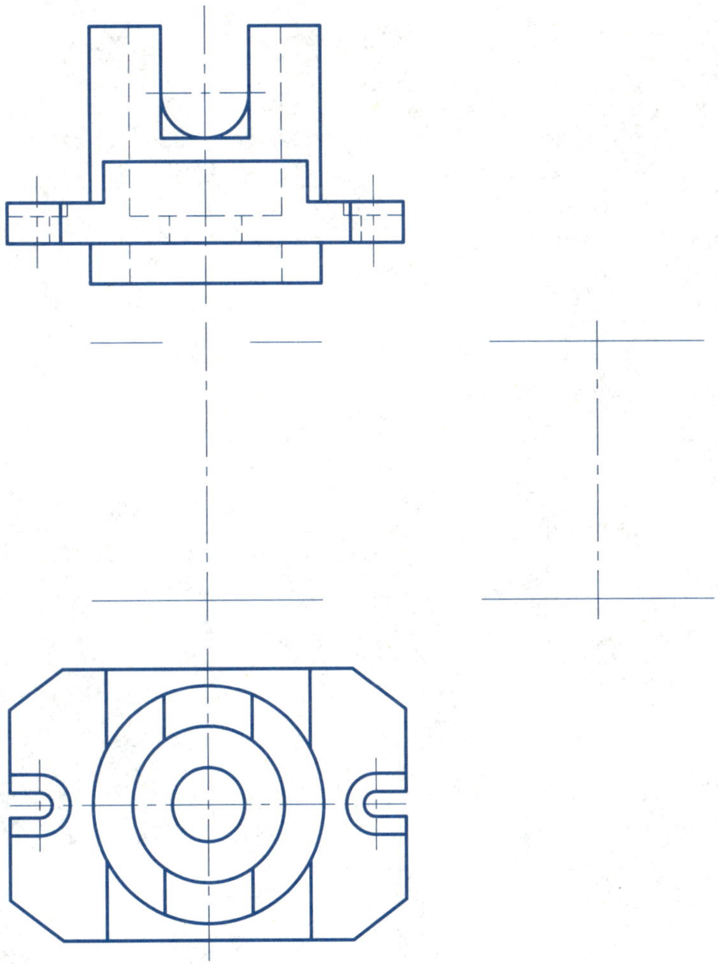

*99

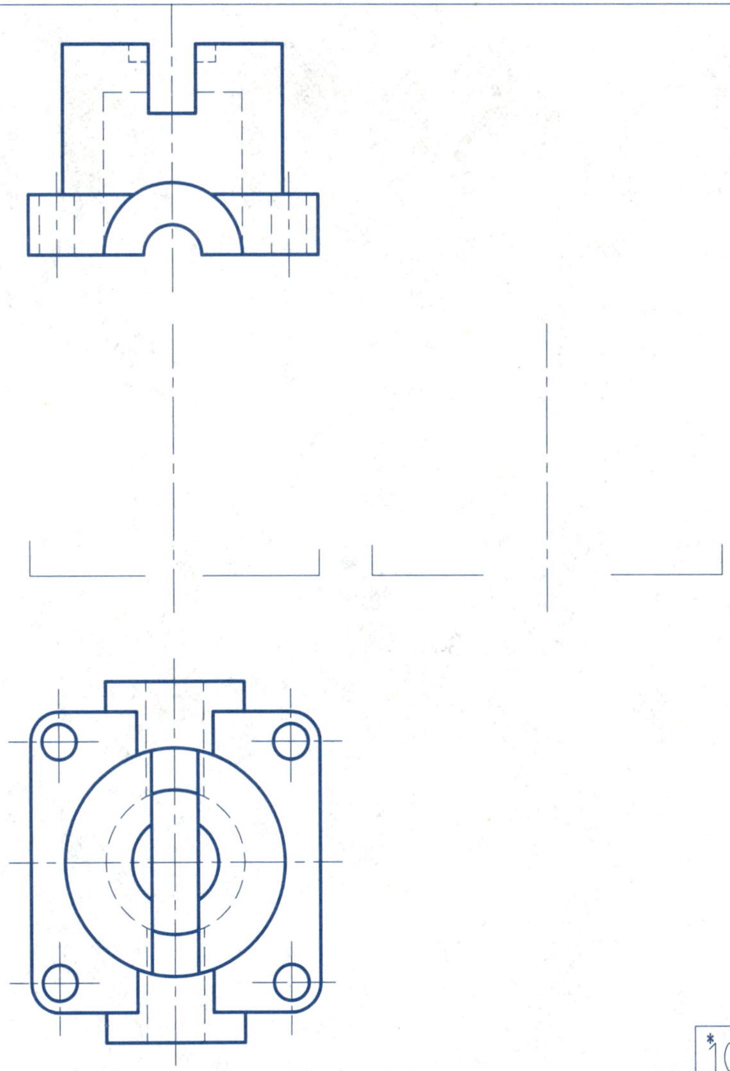

*100

画出轴上指定位置的断面图（左面键槽深4mm）。

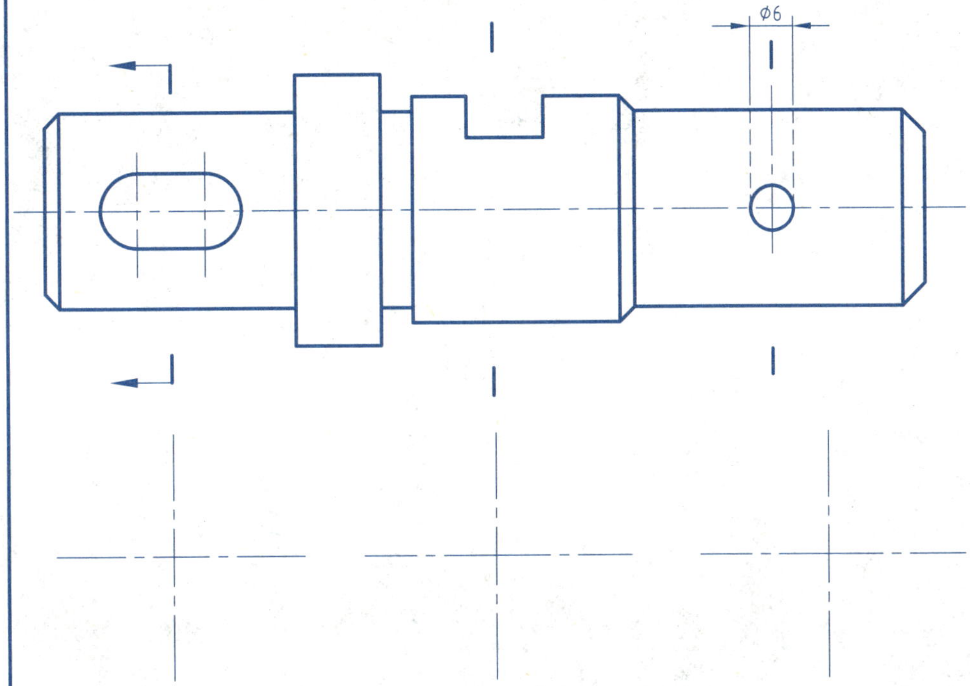

101

画出A-A断面图。

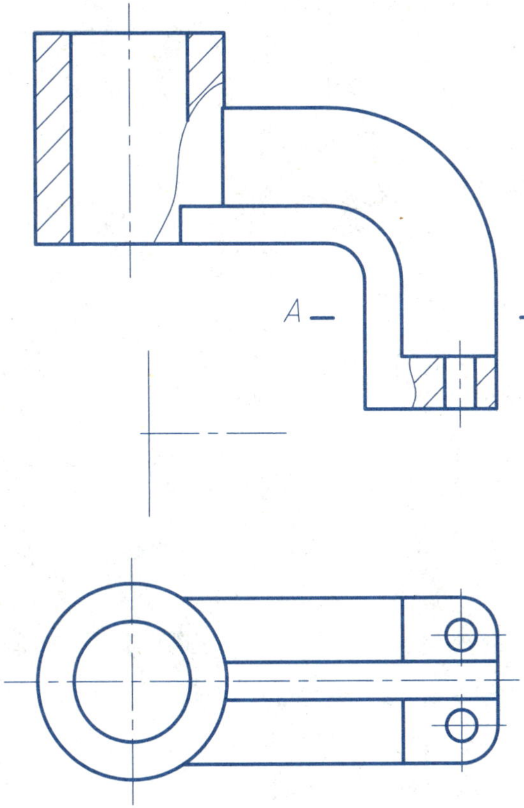

102

班级　　姓名　　学号　　任课老师

将主视图改画成全剖视图。

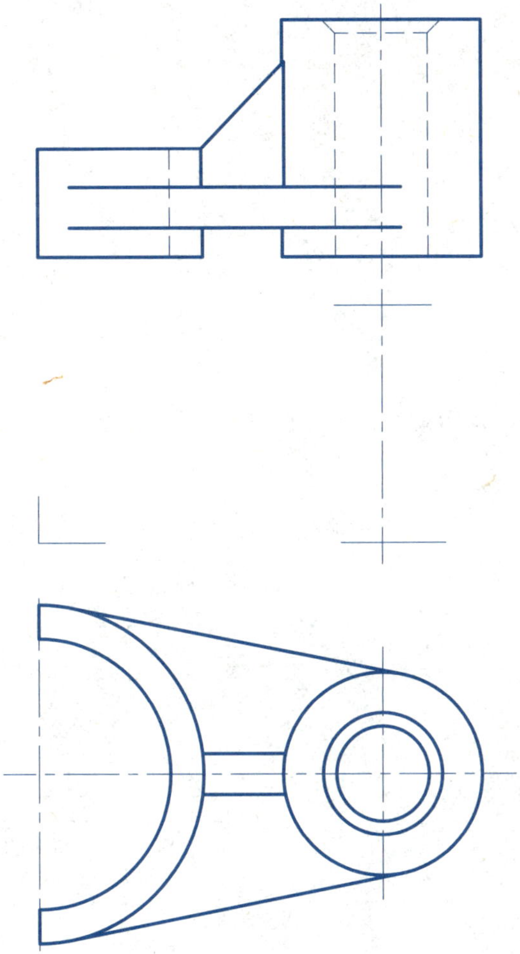

103

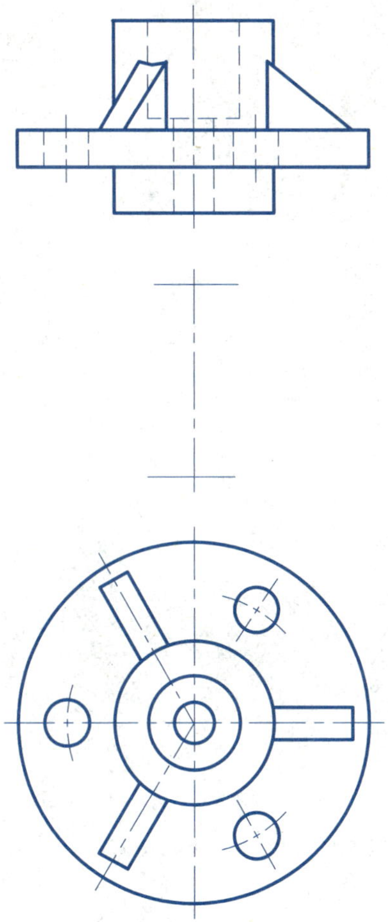

104

班级　　　　姓名　　　　学号　　　　任课老师

用一组合适的视图方案表达下面机件。

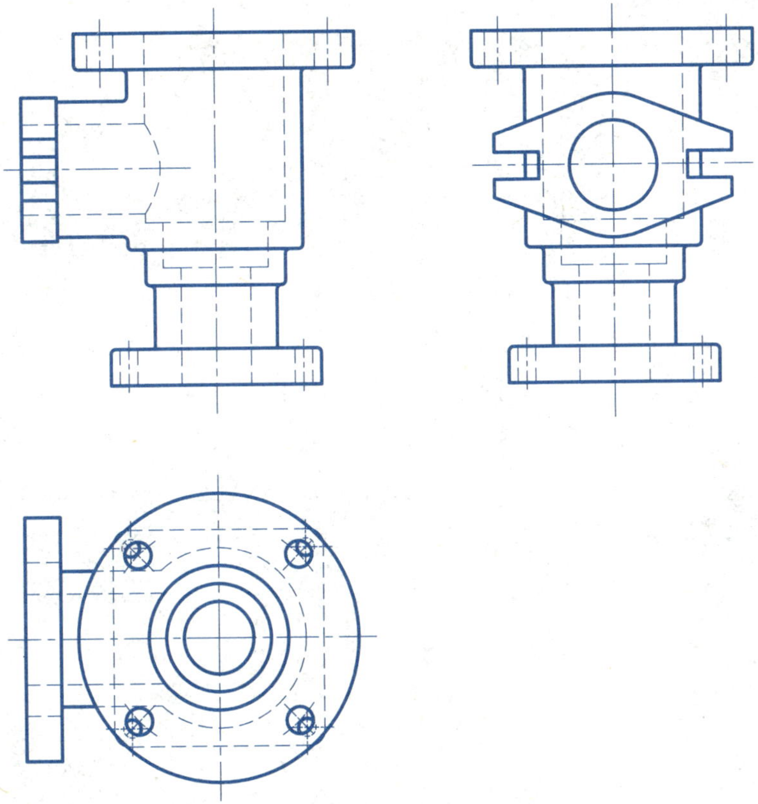

105

班级　　　　姓名　　　　学号　　　　任课老师

在3号纸上，采用适当的比例画出下面机件的三个视图（选用合适的剖视，并标注尺寸）。

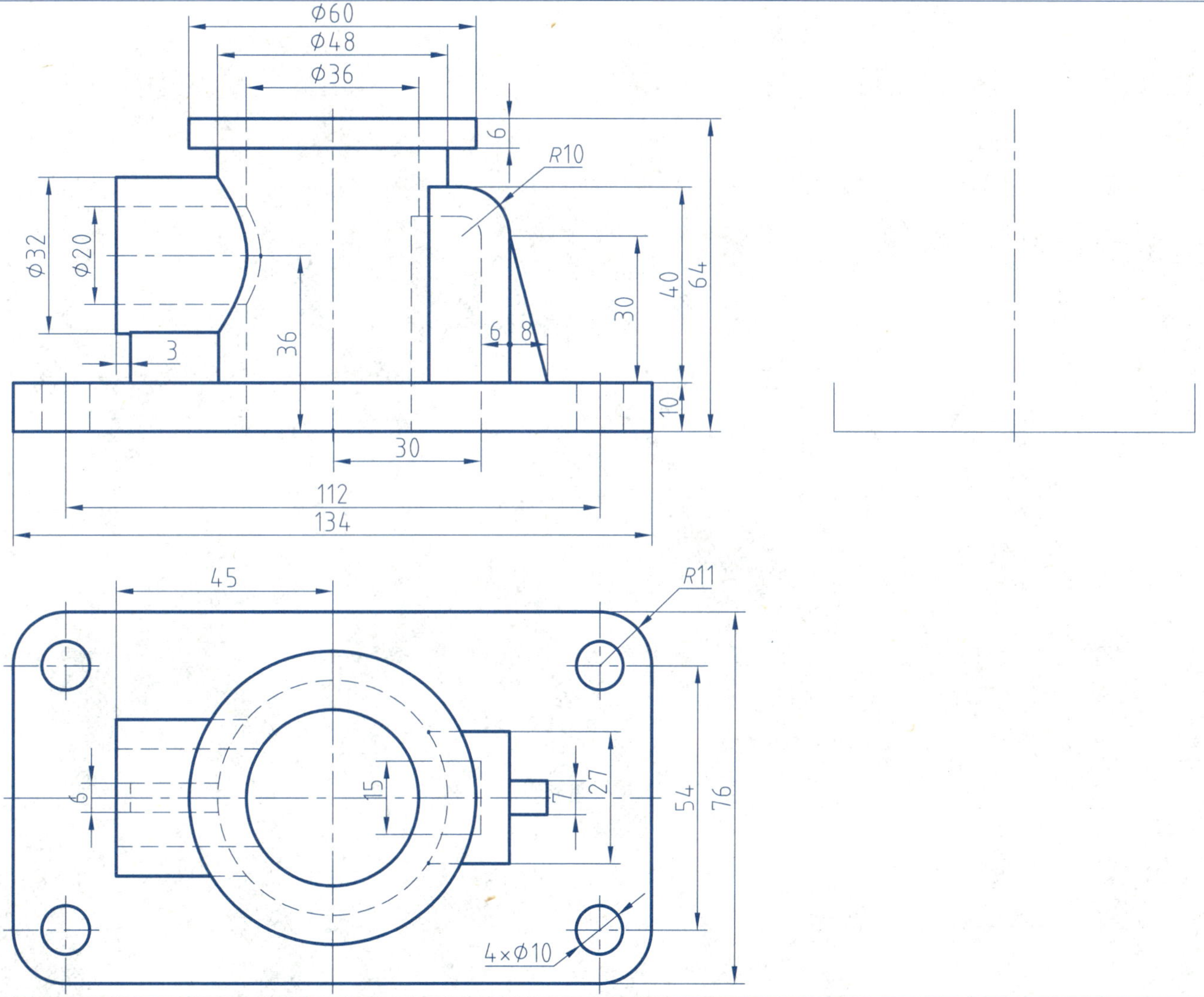

106

班级　　　　姓名　　　　学号　　　　任课老师

改正下列螺纹和螺纹联接画法上的错误，将正确的画在下方。

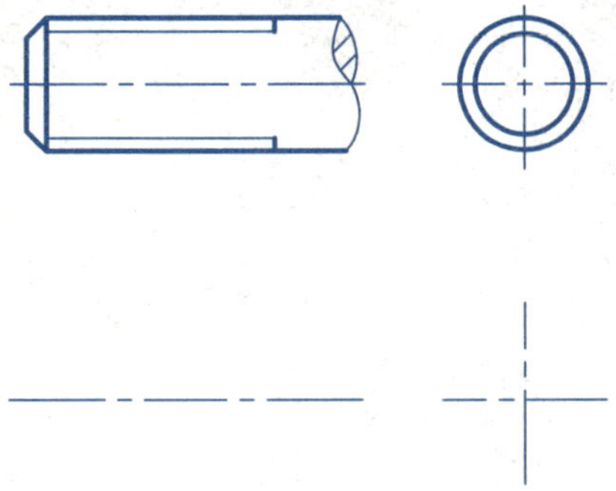

107

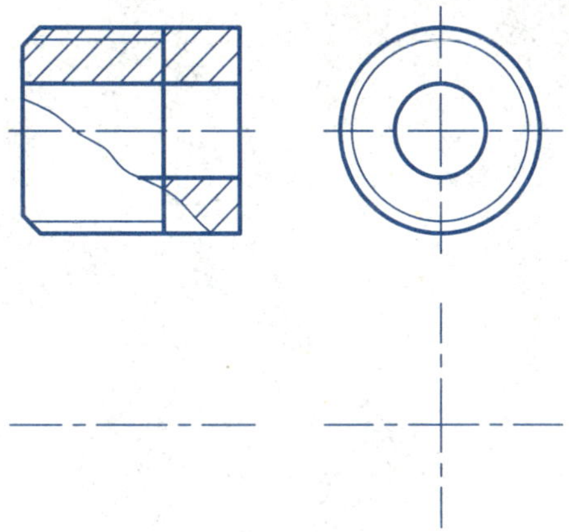

108

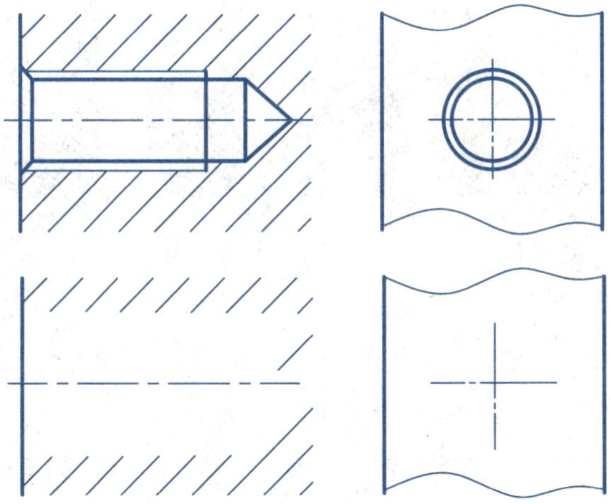

109

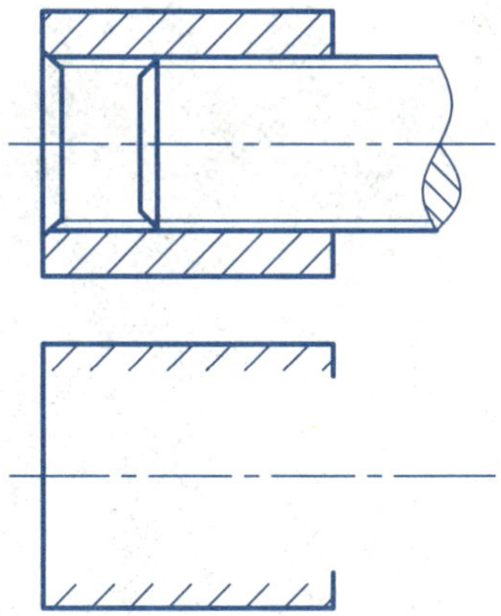

110

班级　　姓名　　学号　　任课老师

由已知条件按1:1比例画出螺纹或螺纹联接的两视图，并标注1、2小题的尺寸。

1.在 d=16、L=48的圆柱杆上车削普通螺纹，螺距 t=2，螺纹部分长24，倒角宽度 c=2。

2.已知机件上有一M16的螺孔，螺纹深28，钻孔深34，试画出螺孔的剖视图。

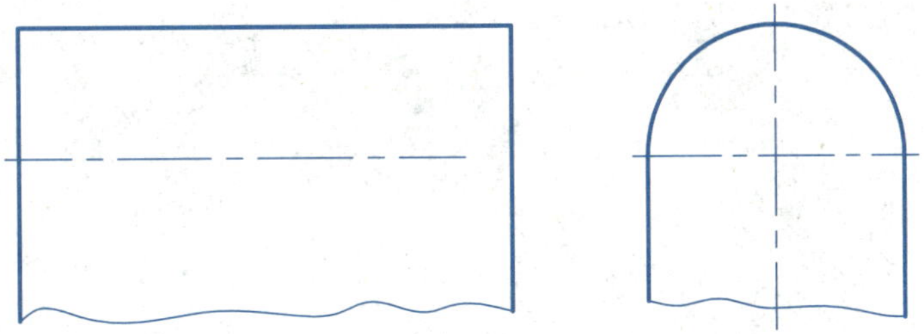

3.将题1之螺纹件旋入题2之螺孔中（旋紧为止），试画出它们的联接装配图，并画出A-A剖视图。

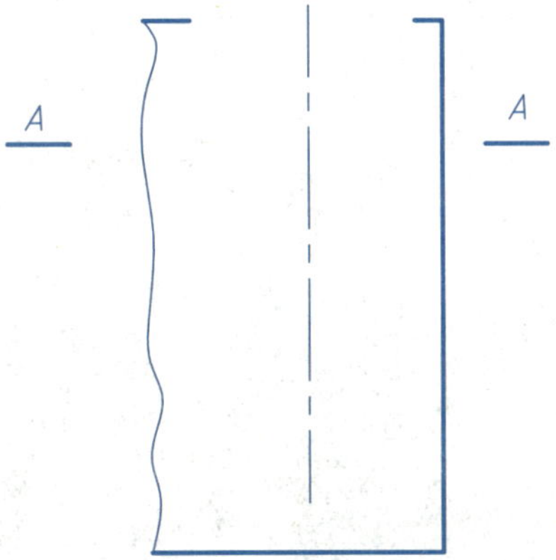

A-A

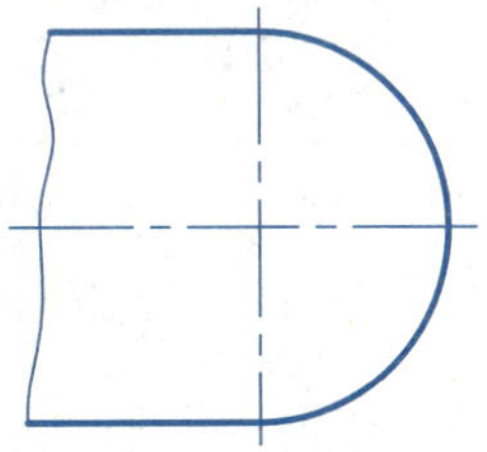

111

班级　　　　姓名　　　　学号　　　　任课老师

查表填写下列标准件的尺寸数值，并写出其规定标记。

六角头螺栓-C级

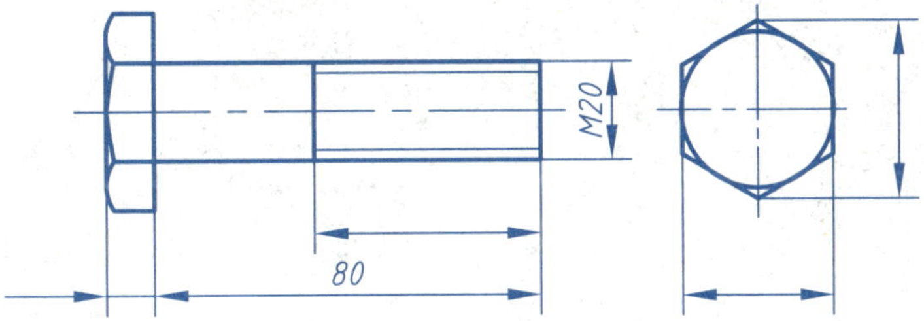

标记 ____________________

112

I型六角螺母，A级。

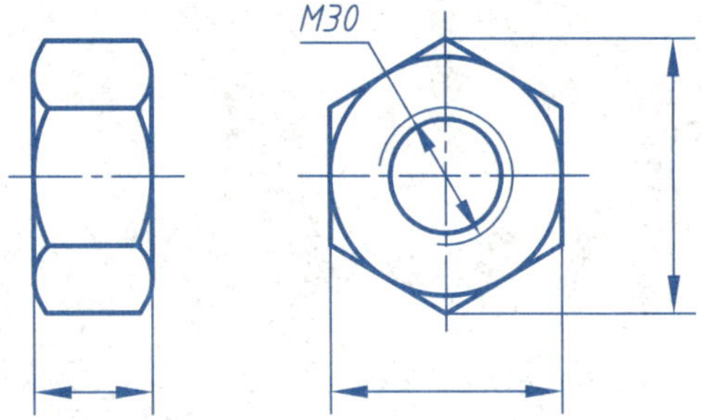

标记 ____________________

113

双头螺柱，B型，两端均为普通粗牙螺纹，b_m=1.25d。

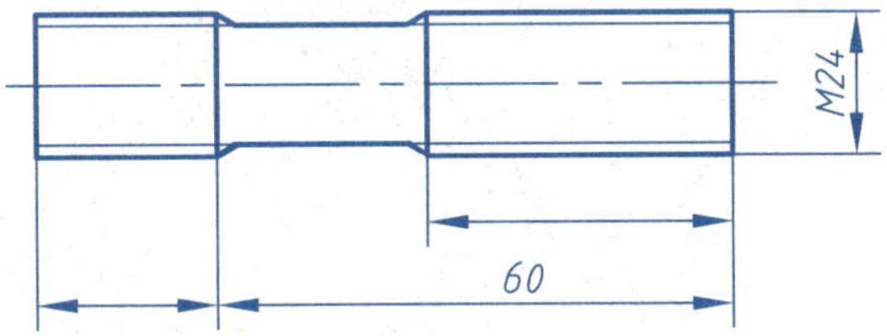

标记 ____________________

114

平垫圈 A级，公称尺寸为16。

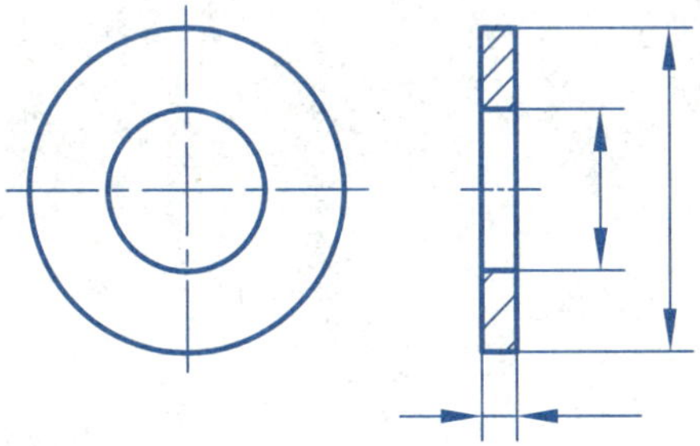

标记 ____________________

115

已知：螺栓 GB/T 5780 M16X80，螺母GB/T 6170 M16，垫圈GB/T 97.1 16，采用比例画法画出下面的螺栓连接图。

两零件中的圆孔直径为ϕ18，厚度如图所示。

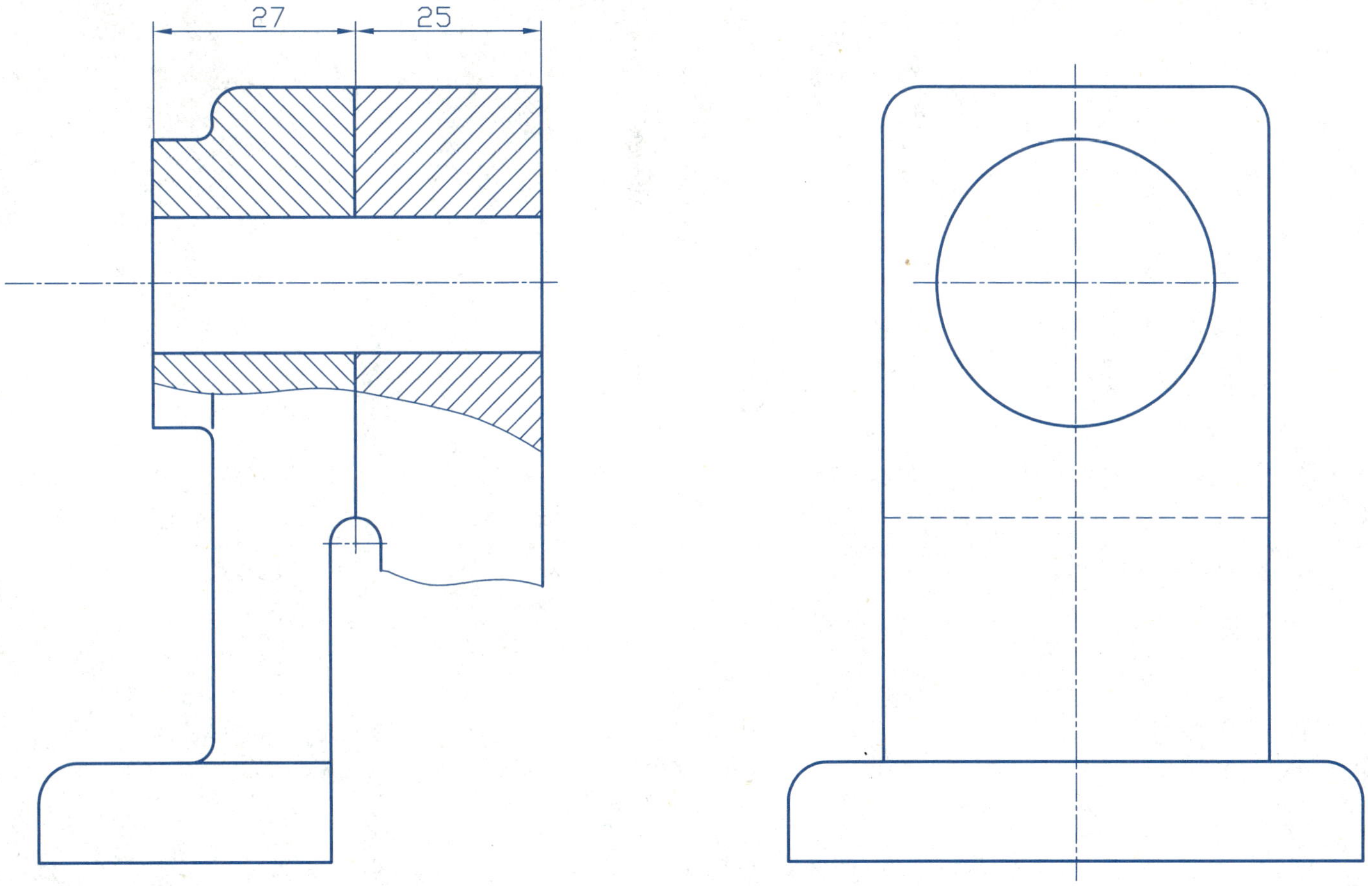

116

班级　　　　姓名　　　　学号　　　　任课老师

试分析下面螺柱联接视图中的错误，并将正确的画在右边。

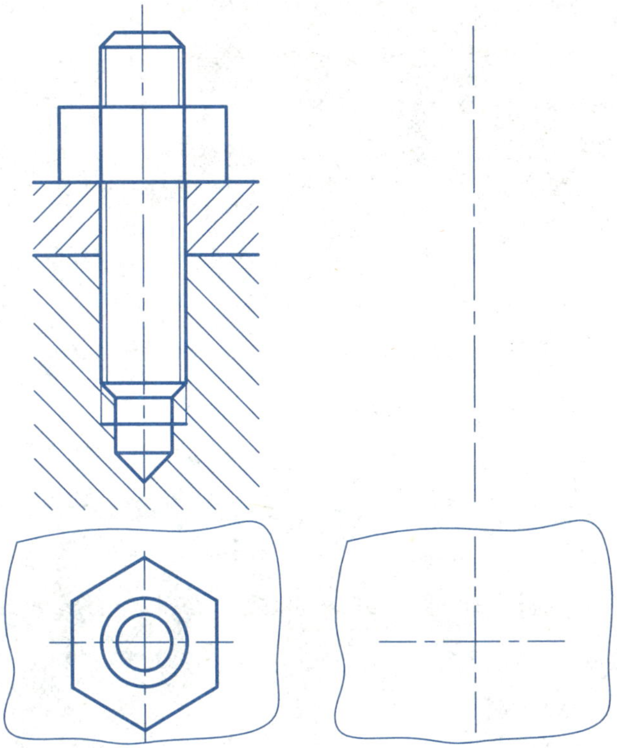

117

试分析下面螺钉联接视图中的错误，并将正确的画在右边。

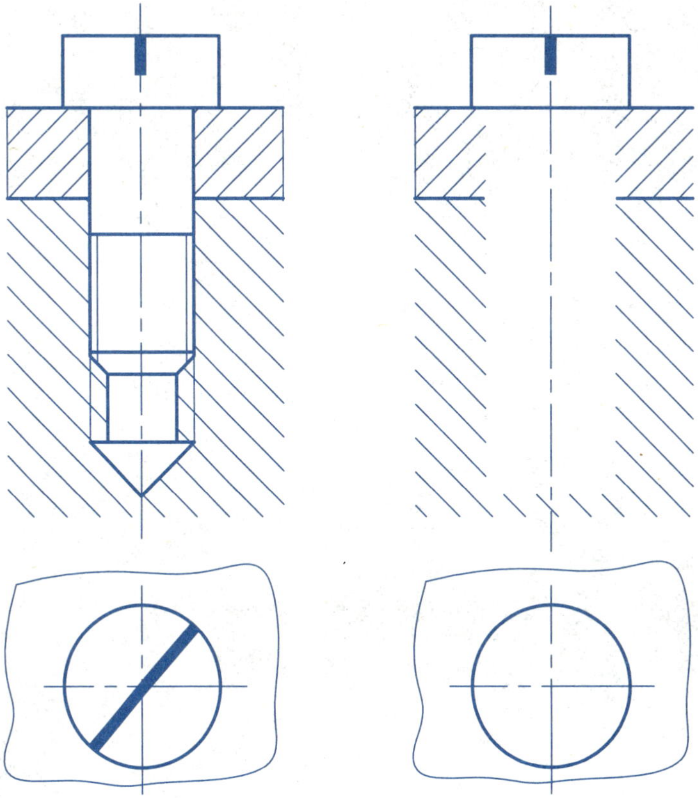

118

班级　　　　姓名　　　　学号　　　　任课老师

已知一标准直齿圆柱齿轮，$m=3$、$z=28$，根据直观图给定的结构，按规定画法补全齿轮的两个视图，其中主视图画成全剖视图。

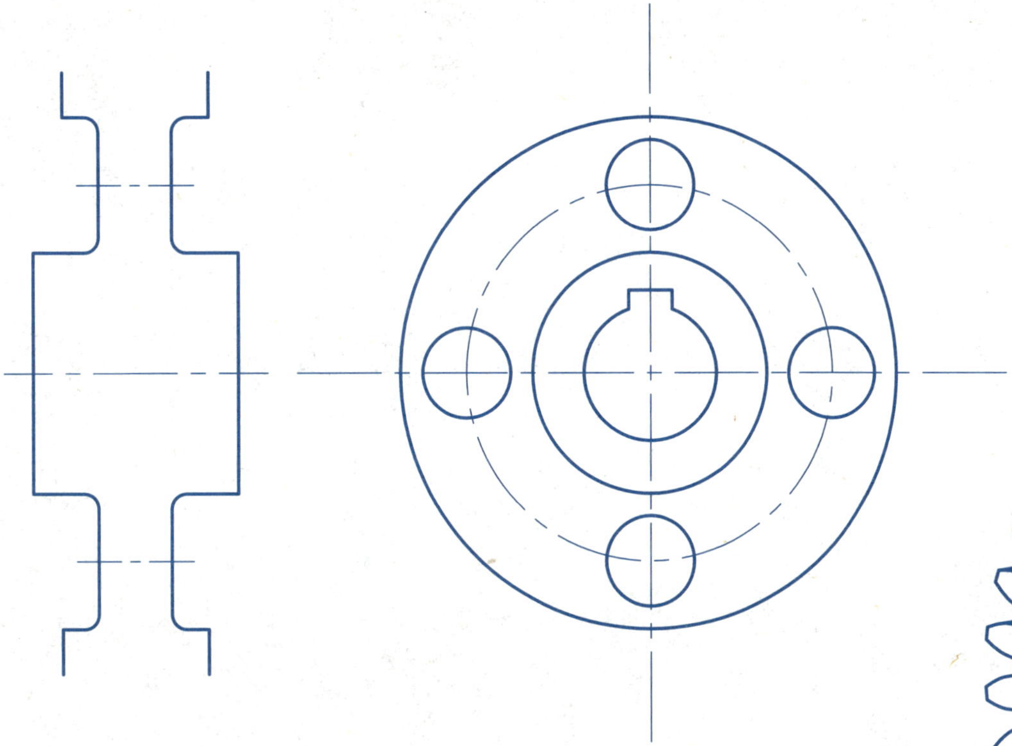

119

班级　　　　姓名　　　　学号　　　　任课老师

已知两个标准直齿圆柱齿轮的中心距 $A=114$ mm，大齿轮的模数 $m=4$，齿数 $z=38$，计算两齿轮的主要参数，并按1:2的比例画全两个齿轮的啮合图。

大齿轮的主要参数

分度圆直径：

齿顶圆直径：

齿根圆直径：

小齿轮的主要参数

齿数：

分度圆直径：

齿顶圆直径：

齿根圆直径：

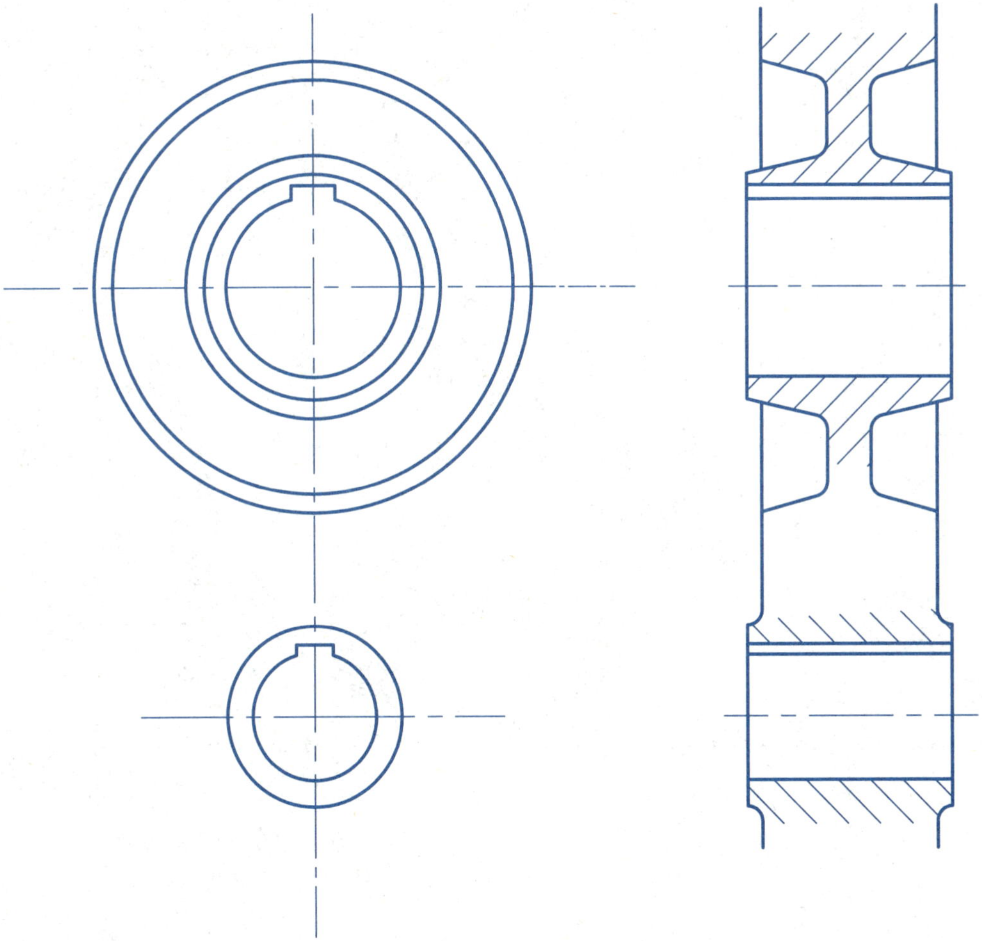

120

读下面轴的零件图，并填空回答下列问题。

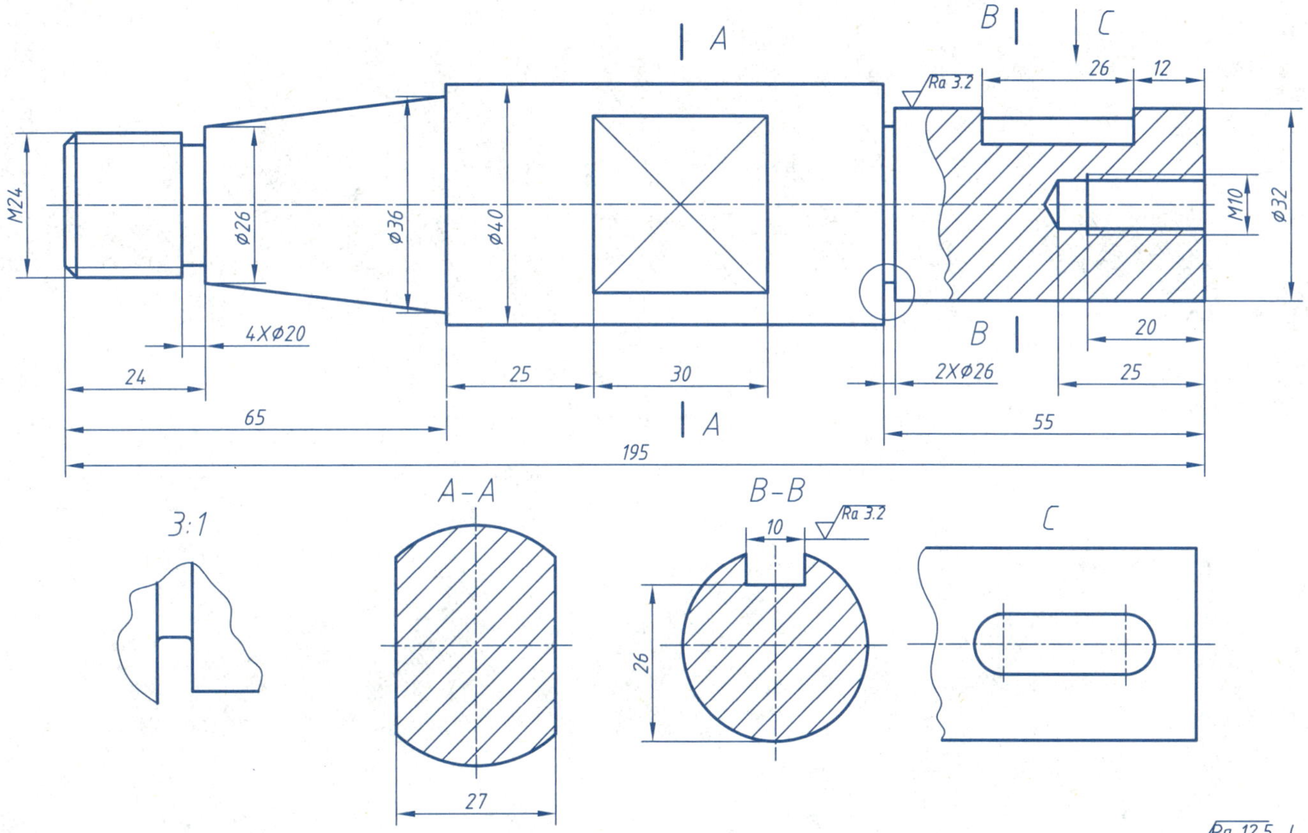

轴		比例		X2004	
		数量	1		
制图		重量		材料	45
描图					
审核				大学	

(1) 主视图是按________位置安放的。主视图上采用了________________的表达方法。

(2) 除主视图外，还采用了____________________表达方法。它们分别表示____________________结构。

(3) 轴的材料是________。

读下面釜盖的零件图，并填空回答下列问题。

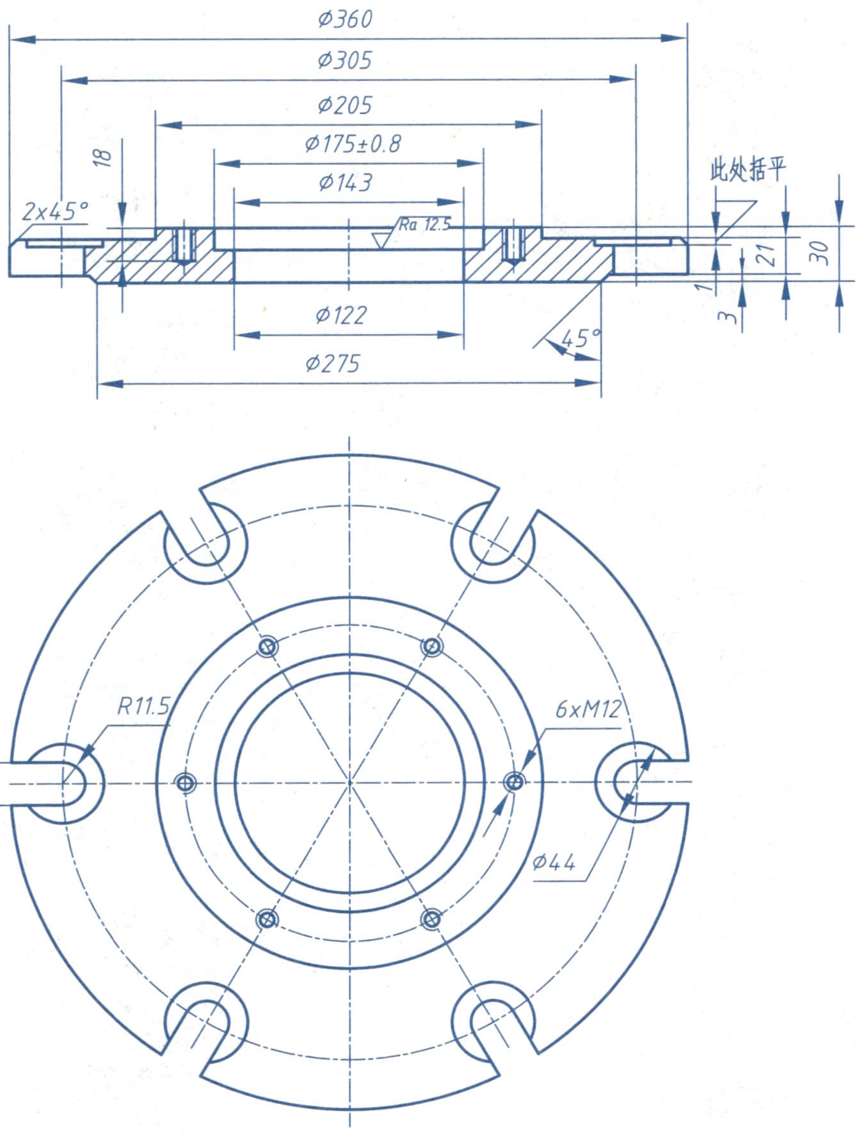

(1) 图中采用了________________视图。主视图采用了________剖视。

(2) 釜盖上有____个M12的螺孔，深______mm，是________________分布的。

Ra 25 (√)

122				
釜 盖	比例	1:4	X2005	
	数量	1		
制图		重量		材料 Q235
描图			大学	
审核				

班级　　　　姓名　　　　学号　　　　任课老师

找出轴承套(该零件为回转体)视图中表面粗糙度代、符号的标注错误，并在下图中作出正确的标注。

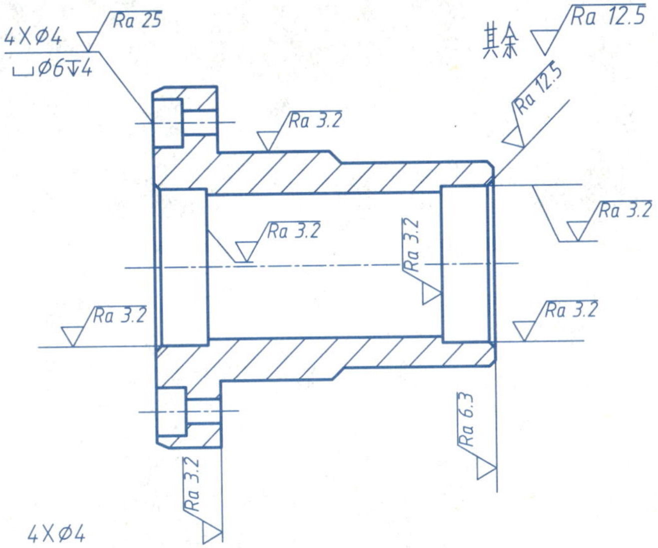

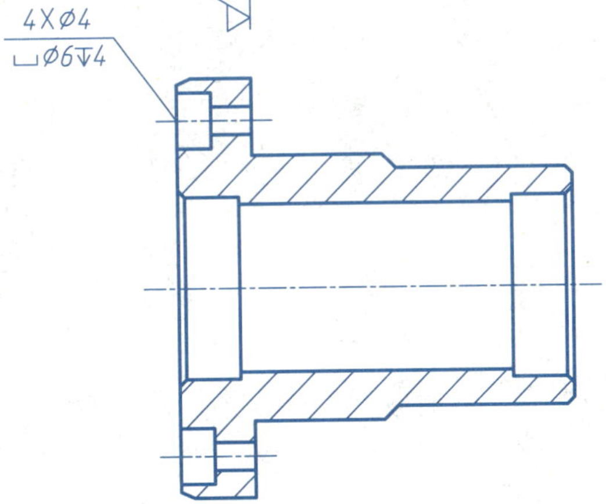

123

根据装配图，在相应的零件图上分别注出公称尺寸和上、下极限偏差，并回答下列问题。

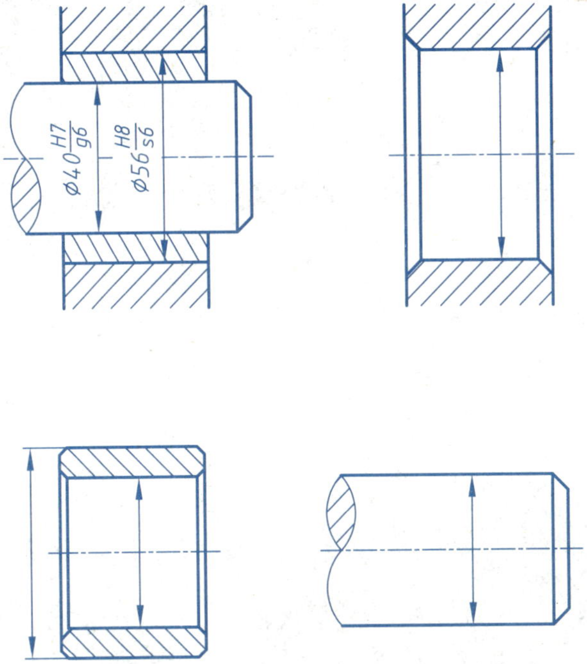

图中配合代号φ40H7/g6中，φ40表示________尺寸；H7/g6表示________制的________配合。其公差等级：孔________级，轴________级。孔的上极限偏差为______，下极限偏差为______，基本偏差为________，其公差带位于零线的_____；轴的上极限偏差为____，下极限偏差为_____，基本偏差为_____，其公差带位于零线的________。

图中配合代号φ56H8/s6，表示________制的________配合。

124

班级　　　　姓名　　　　学号　　　　任课老师

读下面拨叉零件图，在指定位置补画俯视的外形图，并填空回答下列问题。

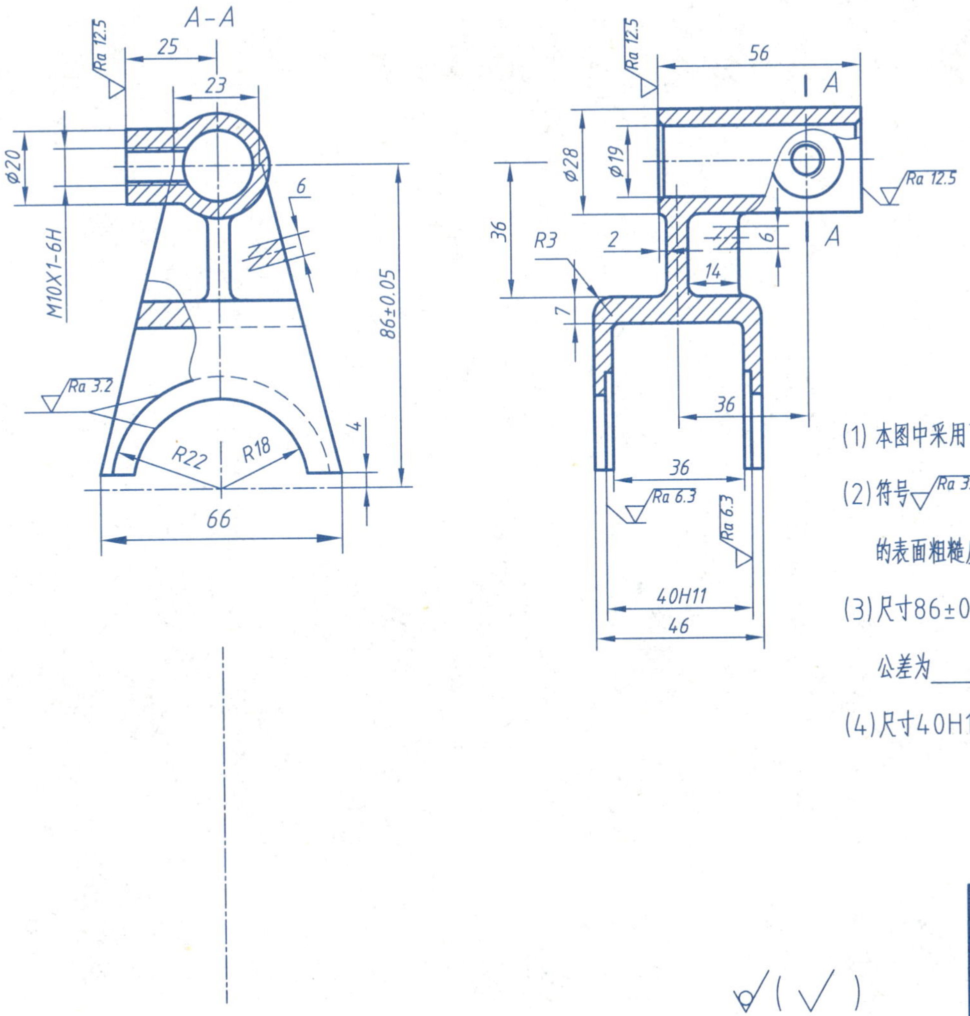

技术要求

(1) 未注圆角半径R3-5；

(2) 铸件不得有气孔、砂眼等缺陷；

(1) 本图中采用了________视图，其中主视图采用______剖视。

(2) 符号$\sqrt{Ra\ 3.2}$表示零件的表面是用____________方法获得的表面粗糙度。

(3) 尺寸86±0.05中，上极限偏差为______，下极限偏差为______，公差为______。

(4) 尺寸40H11中，H表示________，11表示________。

√(√)

125

拨　叉			比例	1:2	X2006	
			数量	1		
制图			重量		材料	Q235
描图					大学	
审核						

班级　　　　姓名　　　　学号　　　　任课老师

读下面泵体的零件图，在指定位置画出 A－A 剖视图，并回答问题。 1.图中采用了＿＿＿＿＿＿＿＿视图，其中主视图采用了＿＿＿＿＿剖视。

2.泵体的前后是否对称？（对称，不对称）　3.分析泵体各方向的尺寸基准，用箭头和文字指明之。

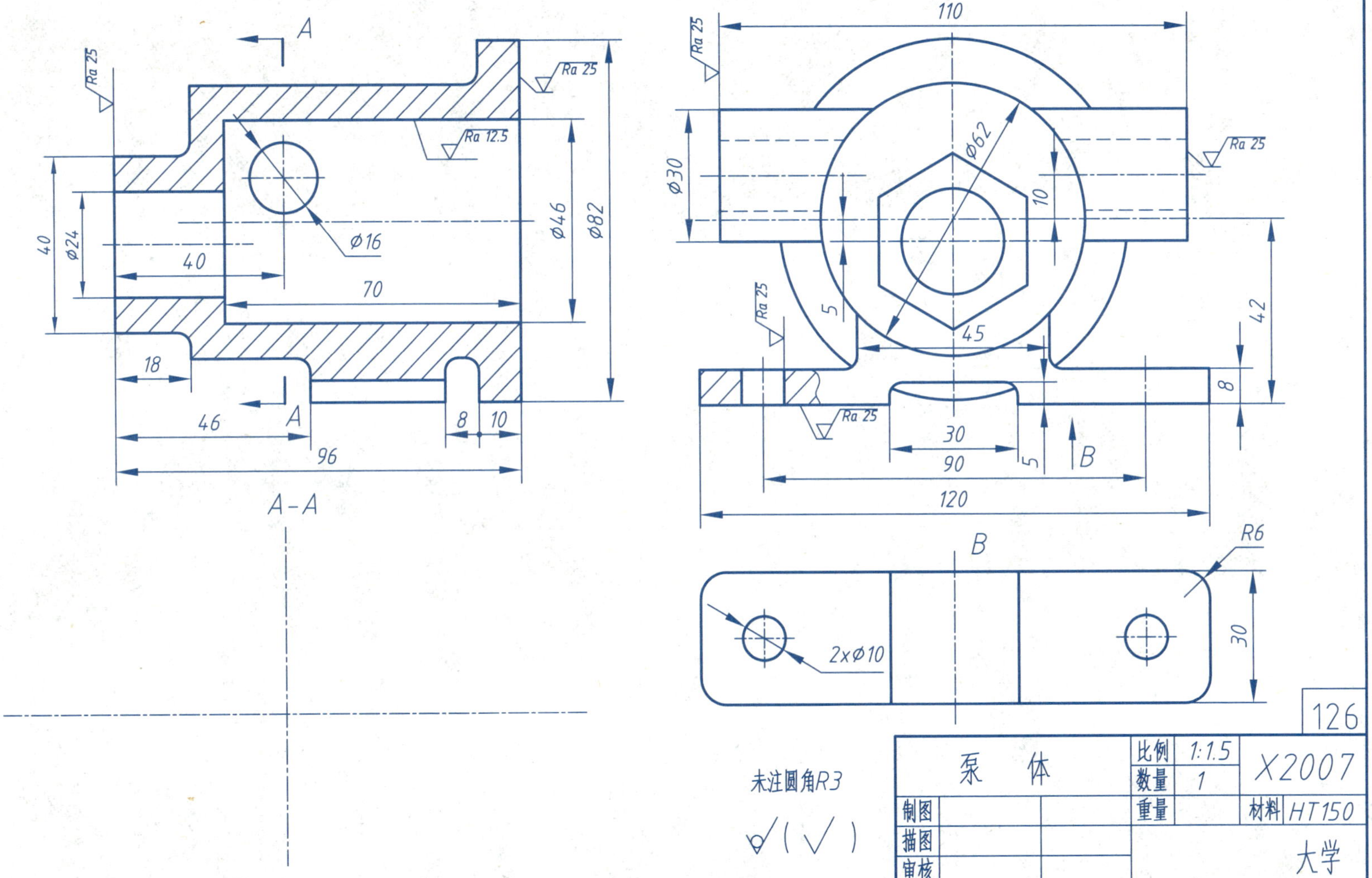

泵　体		比例	1:1.5	X2007
		数量	1	
制图		重量		材料 HT150
描图				大学
审核				

126

班级　姓名　学号　任课老师

读下面箱体的零件图，分析箱体各个方向的尺寸基准，试予注明。并在指定位置画出$A-A$剖视图及回答下列问题。

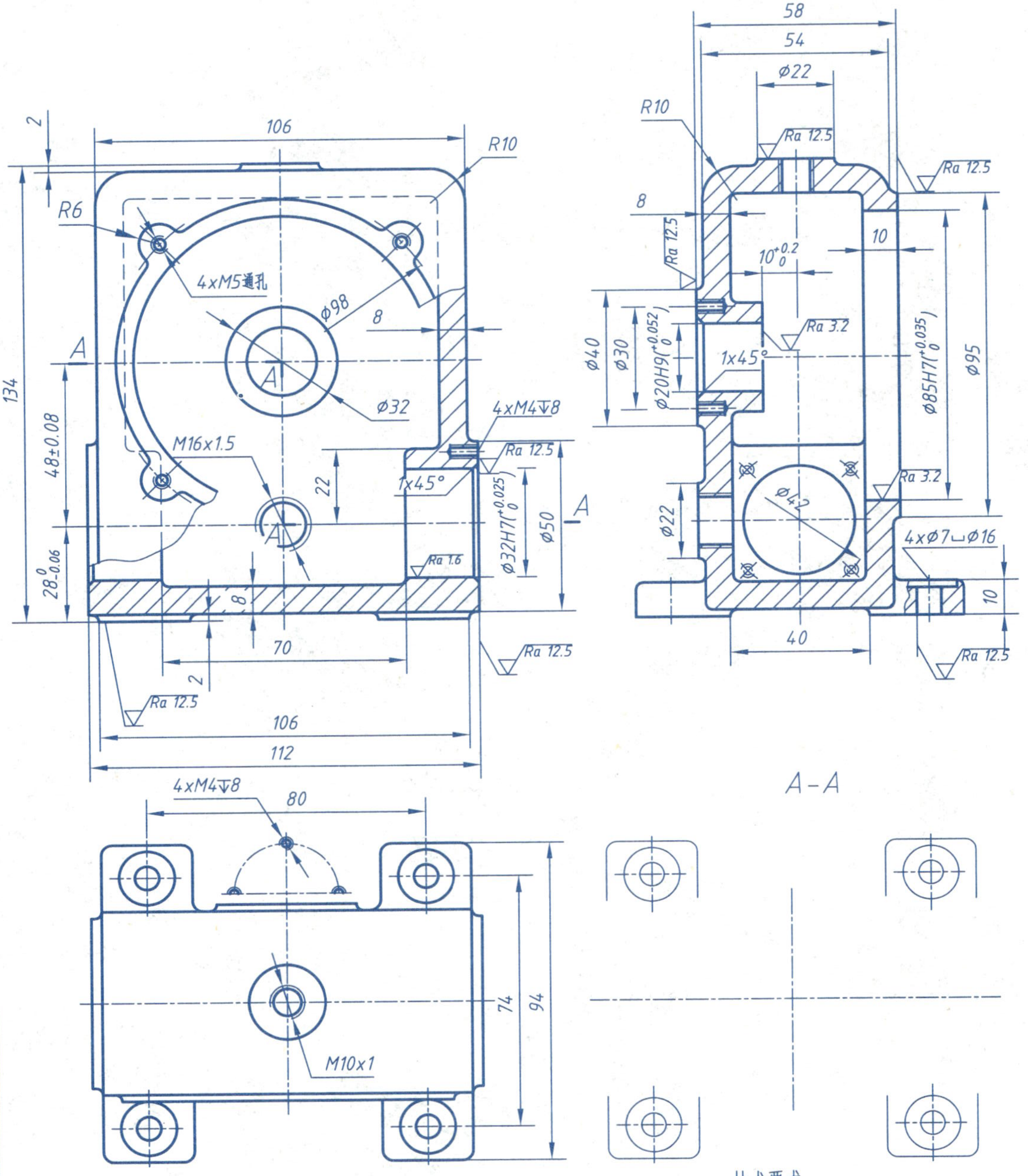

(1) 图中采用了＿＿＿＿＿＿＿＿

视图和＿＿＿＿＿＿＿＿剖视方法。

(2) 箱体的前后、左右＿＿＿＿(是、不是)对称的。

(3) 箱体上哪个表面加工要求最高，试用箭头和文字予以注明。

√(√)

技术要求

1. 铸件应进行时效处理以消除内应力。

2. 未注圆角R3-5

127

箱　体		比例	1:2	X20
		数量	1	
制图		重量		材料 HT150
描图				大学
审核				

班级　　姓名　　学号　　任课老师

已知齿轮和轴用圆头普通平键联接,齿轮齿数=32，模数=4，平键标准为：GB/T 1096-2003 键 12X8X32 ,试分别查表注出键、齿轮和轴上键槽的有关尺寸,补全齿轮视图，并在下方按1:2的比例画出它们的装配图。

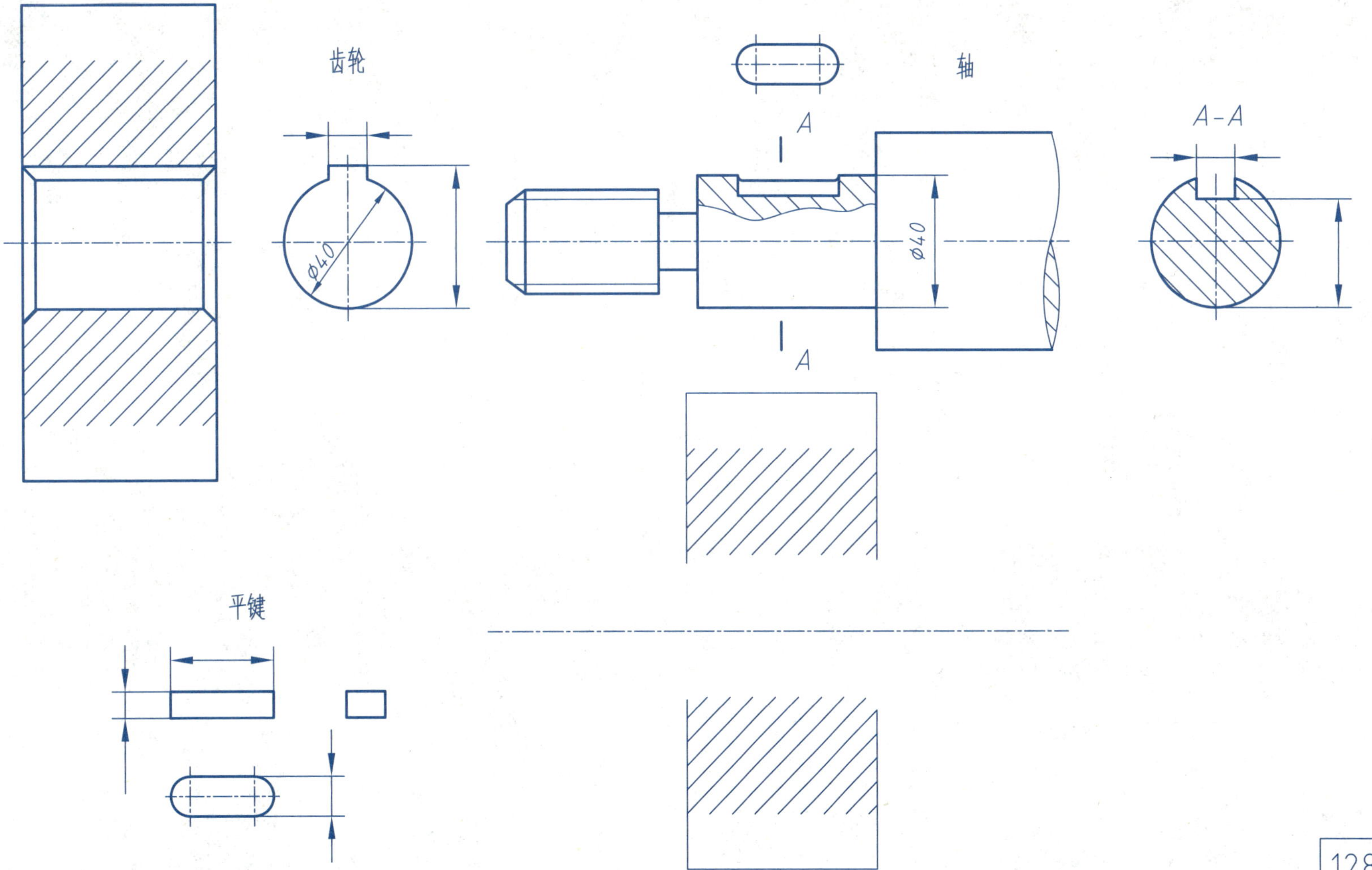

128

班级　姓名　学号　任课老师

试画出图示各连接零件的连接装配图(导管与接头的锥面相接触,并旋上螺帽以压紧导管)。

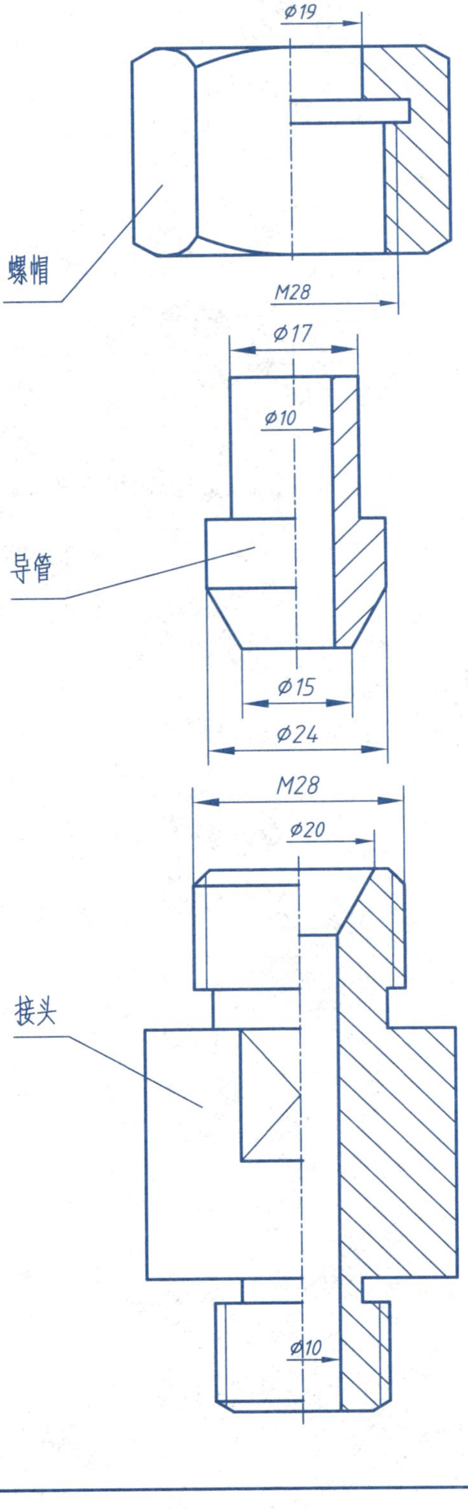

129

班级　　　　姓名　　　　学号　　　　任课老师

根据旋塞的轴测图、装配示意图和P59、P60的零件图，绘制旋塞的装配图，图幅、比例自选。

工作状况：　旋塞是以螺纹连接于管道上作为开关设备，其特点是开关迅速，图中表明开的位置，当阀杆（锥形塞）旋转90°以后，即关闭，为了防止泄漏，在阀杆与阀体之间装有石棉橡胶填料，并用压盖压紧，填料压紧后的高度为12mm。

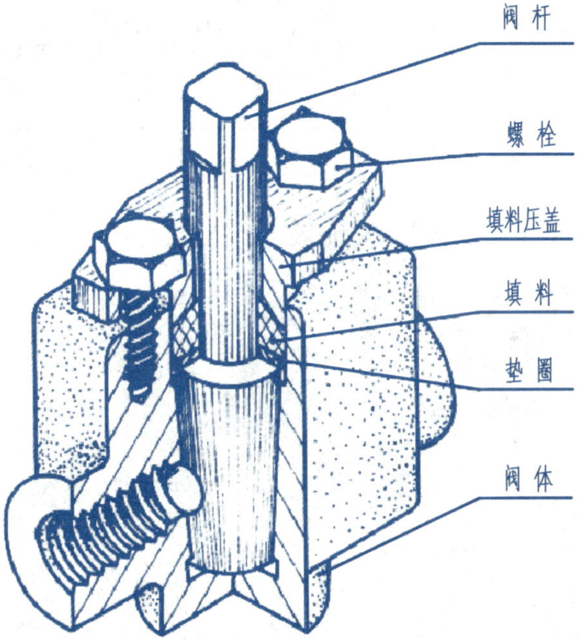

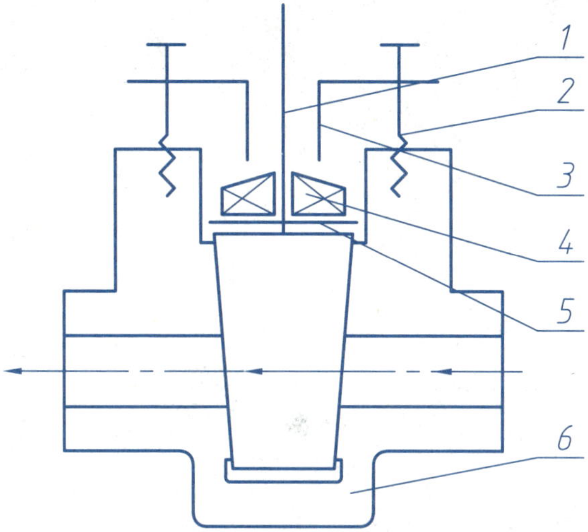

130

序号	名　称	数量	规格	材料	单重	总重	图号或标准号
6	阀　体	1		HT300			
5	垫　圈	1	16	Q235-A			GB/T97.1-2002
4	填　料			石棉橡胶			
3	填料压盖	1		Q235-A			
2	螺　栓	1	M10X20	Q235-A			GB/T5780-2000
1	阀　杆	1		45			

旋　塞		比例		01
		件数		
制图		重量		共　张　第　张
描图				大学
审核				

班级　　　　姓名　　　　学号　　　　任课老师

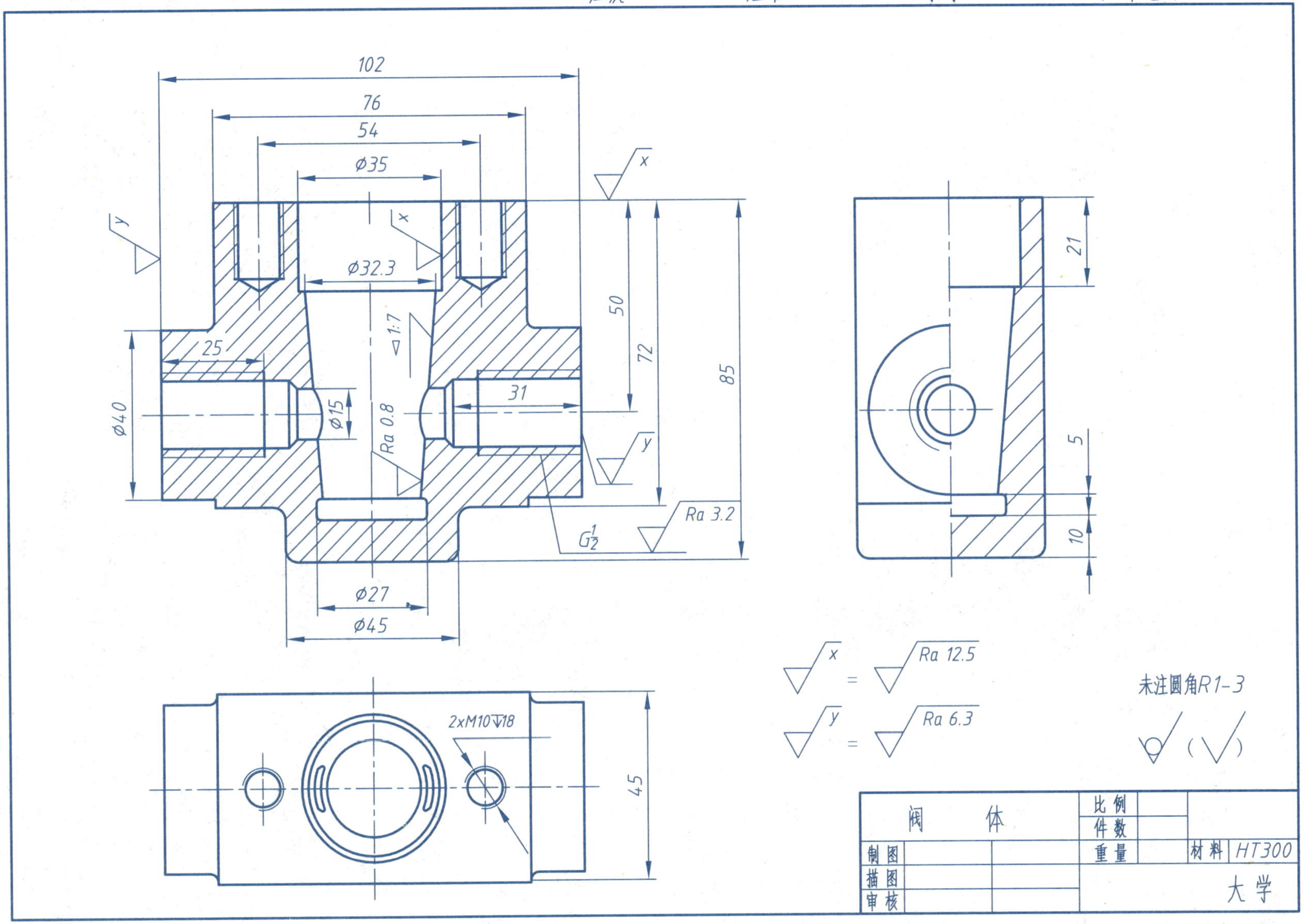
102
76
54
Ø35
Ø32.3
x
y
1:7
Ra 0.8
25
Ø40
Ø15
31
50
72
85
Ra 3.2
$G\frac{1}{2}$
Ø27
Ø45
21
5
10
2xM10↧18
45
x = Ra 12.5
y = Ra 6.3
未注圆角R1-3
阀　体
比 例
件 数
重 量
材 料
HT300
制 图
描 图
审 核
大 学

班级　　姓名　　学号　　任课老师

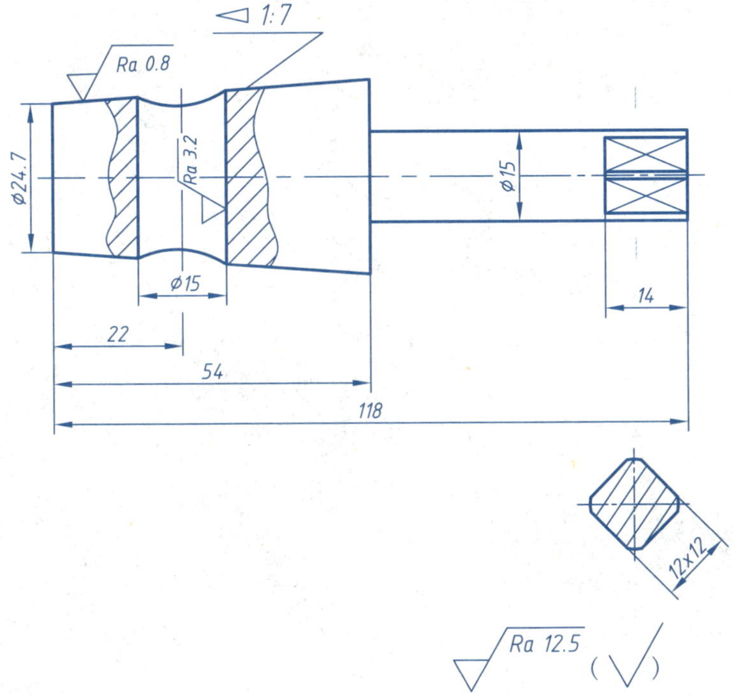

阀　杆	比例		
	件数	1	
制图	重量		材料 45
描图			大学
审核			

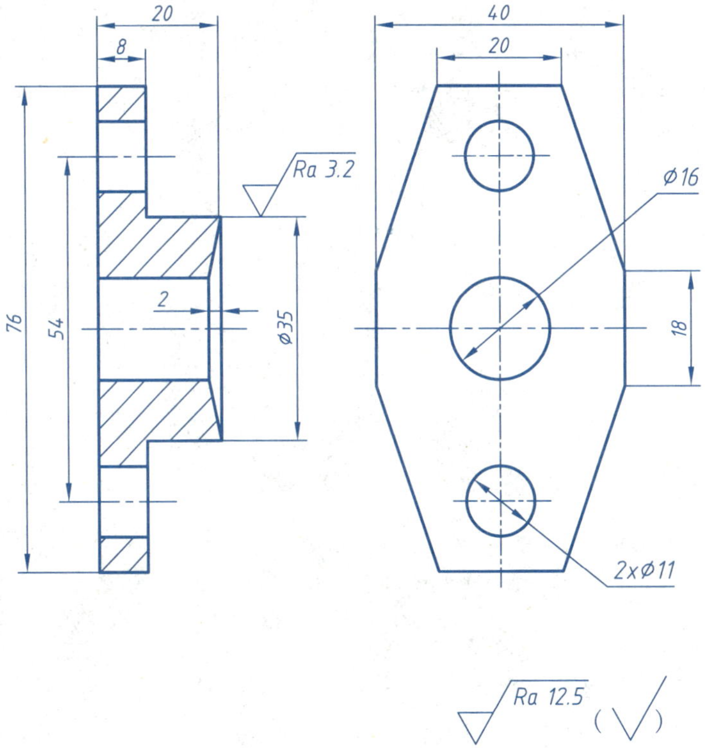

填料压盖	比例		
	件数	1	
制图	重量		材料 Q235-A
描图			大学
审核			

读下面阀门的装配图并回答下列问题：(1) 分析零件间的装配关系，说明活门（件2）的拆卸次序。(2)图中$\phi 42\frac{H11}{c11}$表示什么含义？(3)读懂各零件的形状，并分别画出壳体（件1）、活门（件2）、轴（件4）、和压盖螺母（件8）的视图。

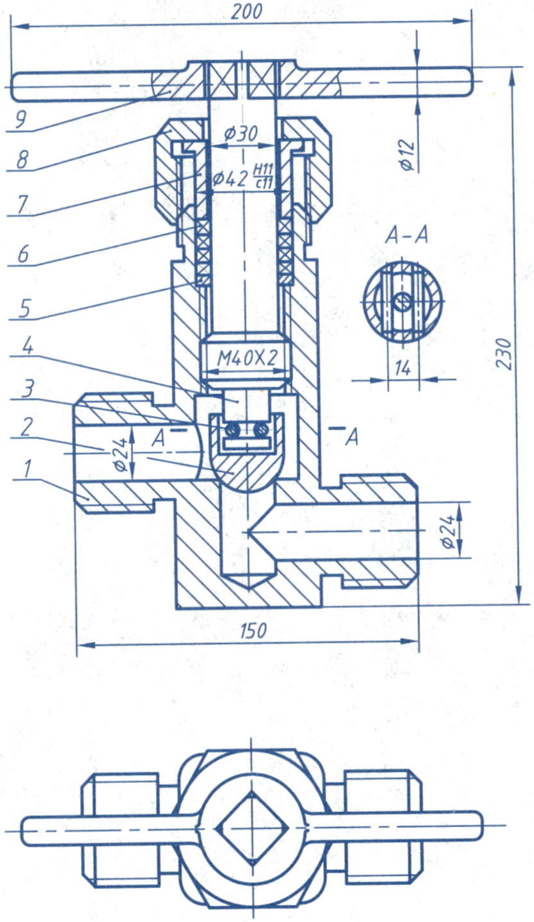

零件1 壳体

零件2 活门

零件8 压盖螺母

零件4 轴

工作状况：阀门是控制流体流量和流动方向的部件。当旋动手柄（件9）时，轴（件4）通过圆柱销（件3）带动活门（件2）上升或下降，以开启或关闭壳体（件1）内部的通路，并以活门的开启大小控制流量。为防止流体外泄，轴与壳体间用填料（件6）密封。

131

序号	名称	数量	规格	材料	单重	总重	图号或标准号
9	手柄	1		HT100			
8	压盖螺母	1		HT200			
7	压盖	1		HT150			
6	填料			石棉绳			
5	圆盘	1		Q235			
4	轴	1		45			
3	圆柱销	2	4m6x8	45			GB/T119.1
2	活门	1		ZQSn5-5			
1	壳体	1		ZG35			

阀门	比例		Z-01
	件数		
制图		重量	共　张　第　张
描图			大学
审核			

班级　　　　姓名　　　　学号　　　　任课老师

阅读手压阀装配图,并回答下列问题：（1）分析所采用的视图以及各视图的作用。（2）主视图中阀杆（件2）不剖视是因为＿＿＿＿＿＿＿＿＿＿。看懂零件2（阀杆）和零件14（底座）的结构，用一组视图完整、清晰地表达出来（均不注尺寸）。

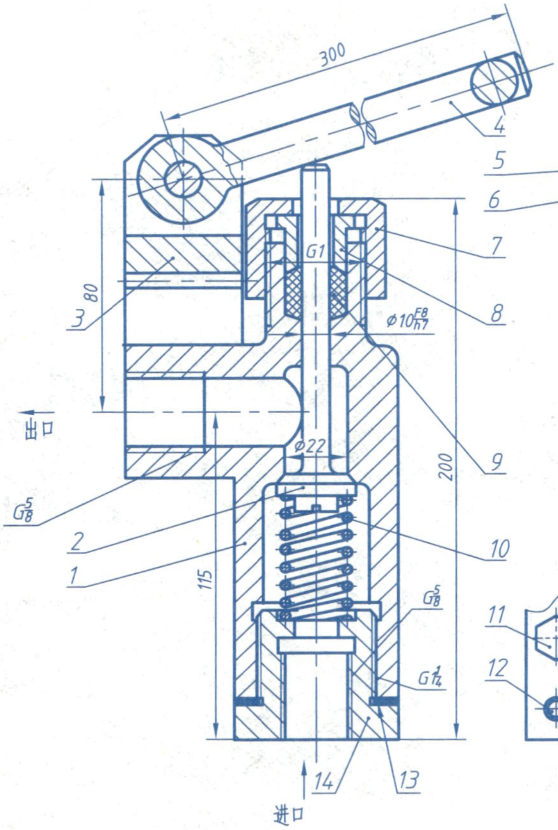

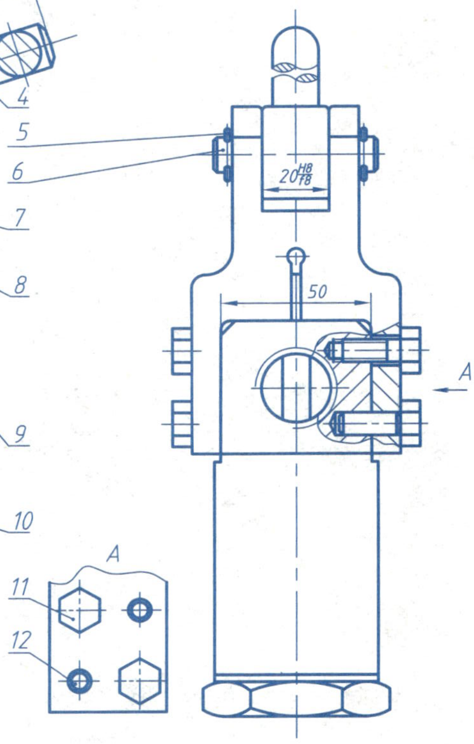

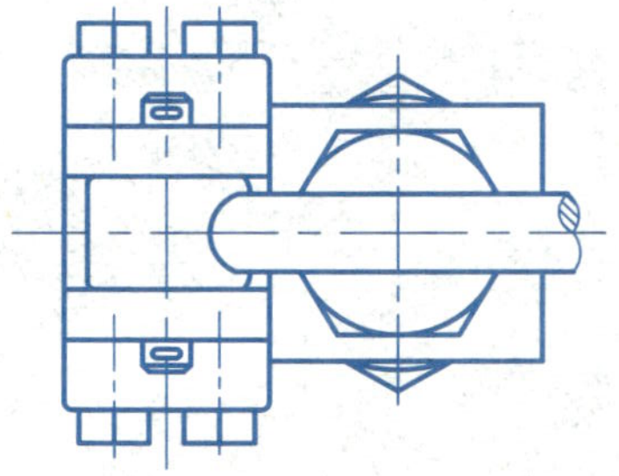

工 作 原 理

由于弹簧的作用，当手柄向下压时阀杆向下移动，流道即开启，流体由下边进口流入，由左边出口流出手压阀。

132

序号	名称	数量	规格	材料	单重	总重	图号或标准号
14	底座	1		HT200			
13	垫片	1		石棉橡胶板			
12	圆柱销	4	8m6x20	Q235-A			GB/T119.1
11	螺栓	4	M8X20	Q235-A			GB/T5780
10	弹簧	1		65			
9	填料			石棉绳			
8	压盖	1		HT150			
7	压盖螺母	1		Q235-A			
6	小轴	1		45			
5	开口销	2	2x20	Q235-A			GB/T91
4	手柄	1		HT150			
3	支架	1		Q235-A			
2	阀杆	1		45			
1	阀体	1		HT200			

手压阀	比例		
	件数		
制图	重量	共 张	第 张
描图		大学	
审核			

化工设备图　　班级　　姓名　　学号　　任课老师

试根据贮槽的设备设计条件单，按P64、P65 页所附的零部件图中给定的规定标记和尺寸拼画该设备的装配图。

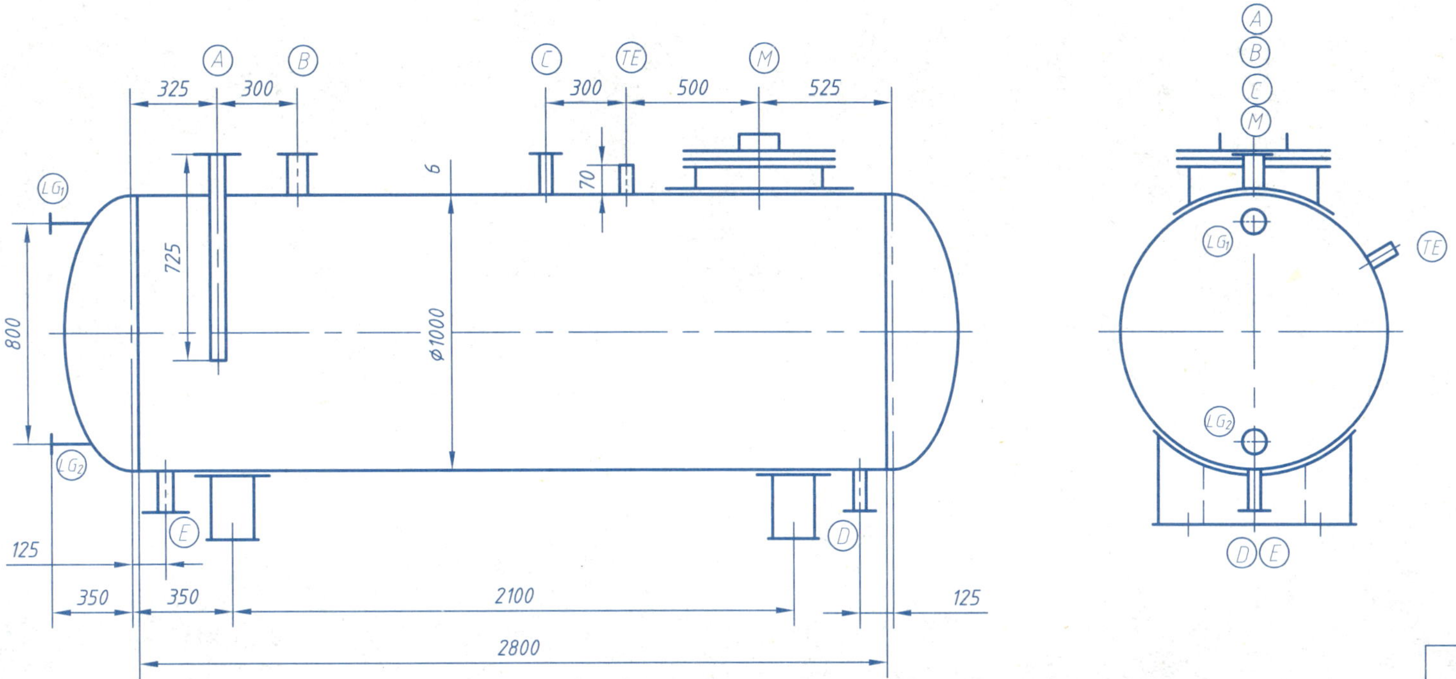

133

材　料　表　　管　　口　　表

符号	公称尺寸	公称压力	连接标准	法兰型式	连接面型式	用途和名称	设备中心线至法兰面距离
A	50	0.25	HG20593	PL	RF	进料口	650
B	65	0.25	HG20593	PL	RF	备用口	650
C	40	0.25	HG20593	PL	RF	排气口	650
TE	1"		TH3039-59		内螺纹	温度计口	
M	450	0.25				人孔	
D	40	0.25	HG20593	PL	RF	排污口	650
E	50	0.25	HG20593	PL	RF	放料口	650
$LG_{1\sim2}$	15	0.25	HGJ46	PL	RF	液面计口	650

壳体，封头	Q235-A
管法兰	Q235-A
接管	20
支座	按标准
人孔	按标准
补强圈	Q235-A
凸缘	Q235-A

设　计　数　据　表

规范		压力容器类别	I
介质和其特性		焊后热处理	
工作温度　°C	≤100	无损检测	PT
设计温度　°C	200	全容积	2.5
工作压力　MPaG	常压	防腐要求	外表涂红丹两度
设计压力　MPaG		保温厚　mm	
水压试验压力 MPaG			
气密试验压力 MPaG			
焊接接头系数	0.85		80
腐蚀裕度　mm	1		
估　计　质　量　表		负　荷　表	
净质量　kg			
操作质量　kg			
充水质量　kg			

采 用 标 准

GB150-98《钢制压力容器》

《压力容器安全监察规程》1999

技　术　要　求

1.安装液面计时两接管之间的距离公差为±1.5mm,接管对于基准距离公差为3mm。

2.保温层材料为矿渣棉板材。

版次 REV	说　明 DESCRIPTION	设　计 PRE'D.	校　核 CHKD	审　核 APPR	批　准 AUTH'D	日　期 DATE

工程公司 ENGINEERING CORP.	资质等级 Grade of qualification	甲级 Class A	证书编号 Certificate NO.

项　目 PROJ.		图名 DRAWING NAME	贮槽 设备设计条件单
装置/工区 UNIT & WORK AREA			
2007 上海 SHANGHAI	专业 SPEC　比例 SCALE　:　第　张共　张 OF	图号 DRAWING NO.	

补强圈

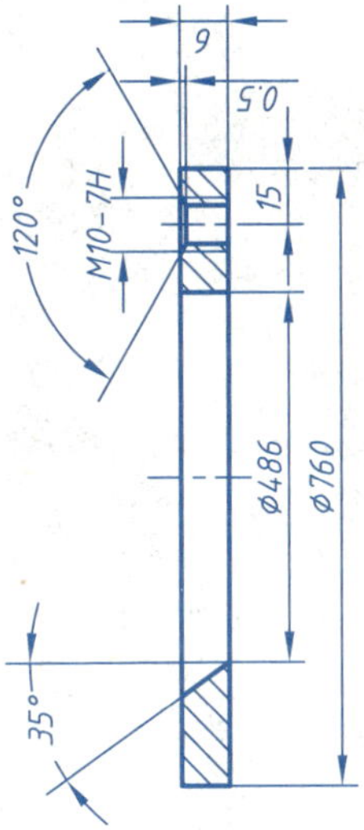

d_N450X6-D-Q235-A JB/T 4736

人孔

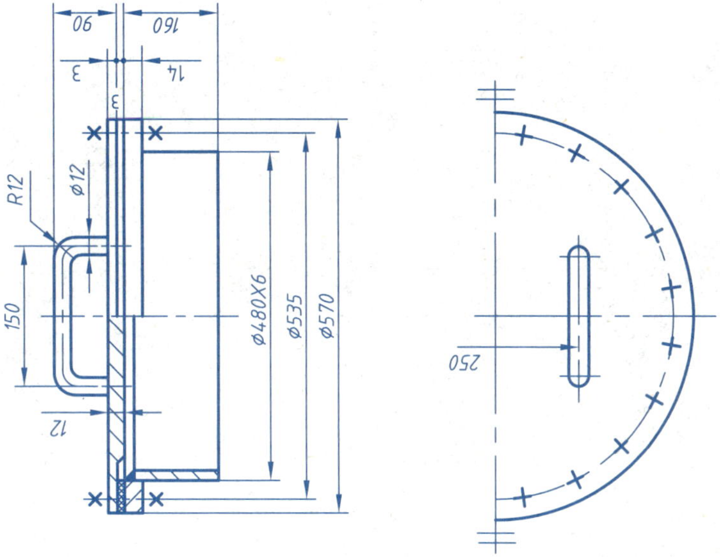

人孔 (R·A-2707) 450 HG 21516-2005

椭圆形封头

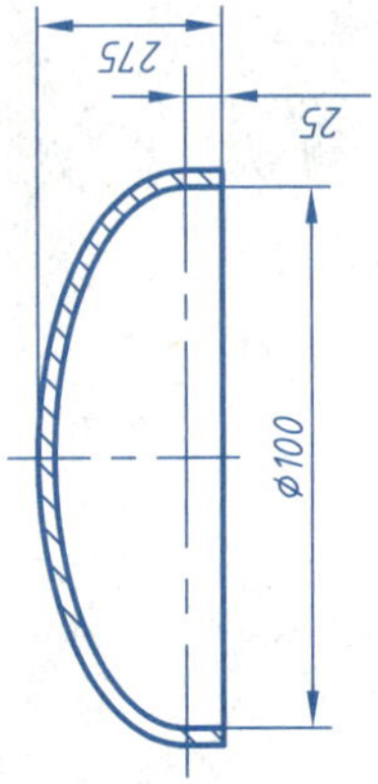

EHA 1000X6-Q235-A JB/ T 4746

凸缘

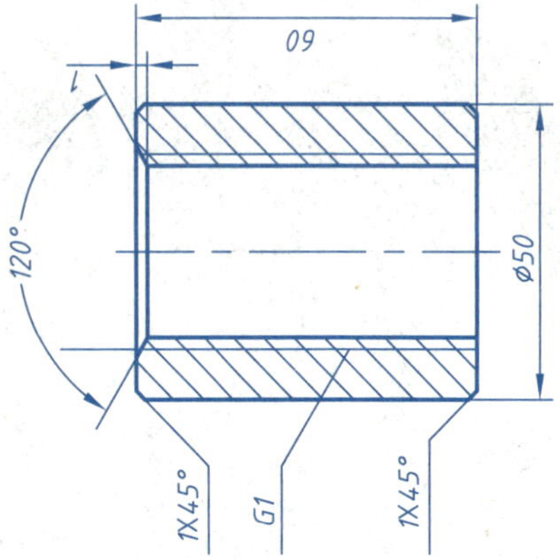

凸缘 P_g16D_g25 TH3037-59

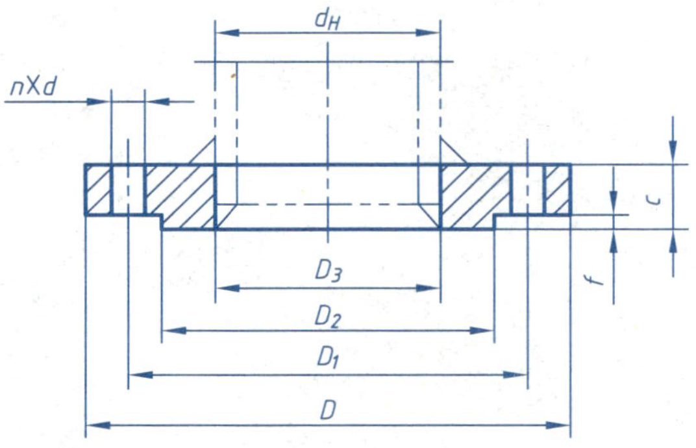

DN		40	50	65	15(PN1.6)
管子	d_H	45	57	76	18
	s	3.5	3.5	4	3
D		130	140	160	95
D_1		100	110	130	65
D_2		78	88	108	45
D_3		46	59	78	19
c		16	16	16	14
f		2	2	2	2
d		14	14	14	14
n		4	4	4	4

HG20592 法兰 PLXX (B) -0.25 RF (A) Q235-A

管法兰

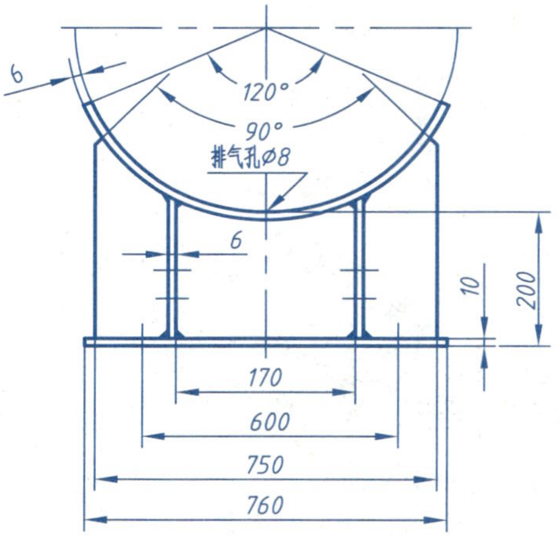

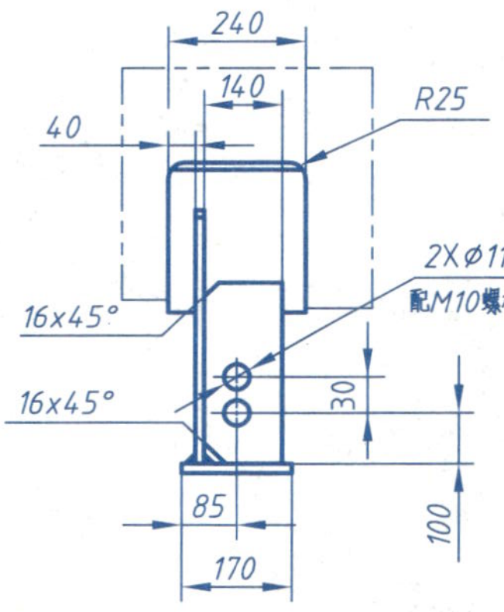

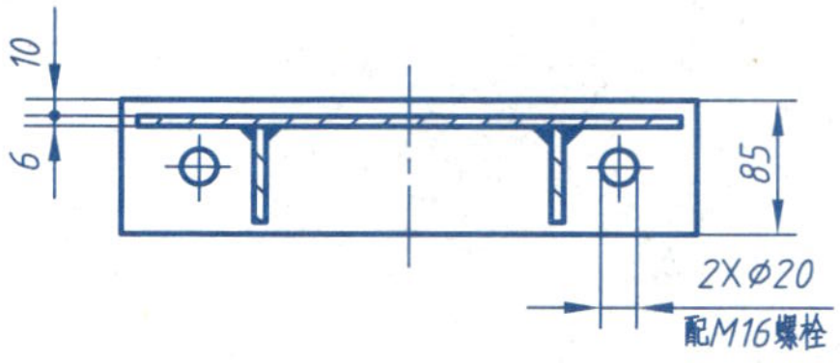

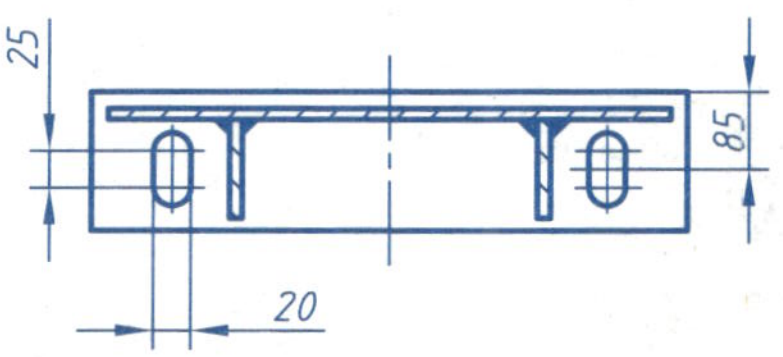

JB/ T 4712-2007,鞍座 A 1000-F

JB/ T 4712-2007,鞍座 A 1000-S

鞍式支座

上机作业一

目的要求：

1.掌握进入和退出AutoCAD的基本方法，熟悉用户界面。

2.学习新建图形、绘制简单图形的操作，掌握坐标及数据的输入方法，绘出下面所示图形。

3.掌握打开工具栏的方法，打开“对象捕捉”工具栏，同时学会利用栅格绘制图形。

4.掌握图形文件存盘和打开的方法。

作业内容：

1.绘制下面所示图形。

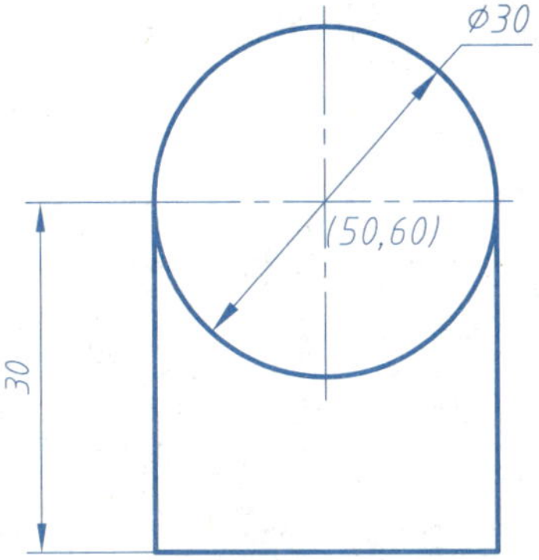

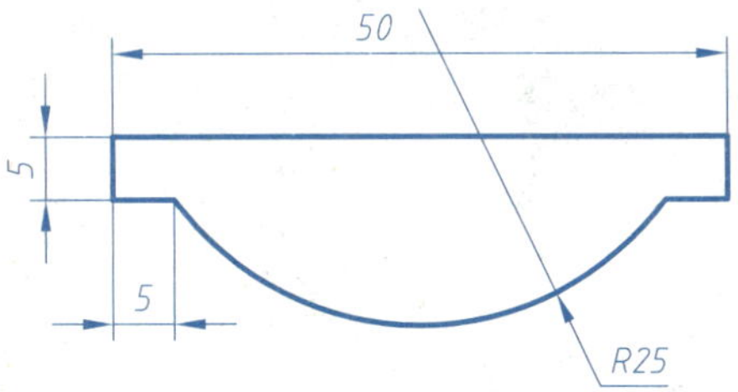

2.设置图形的捕捉栅格，绘制下面所示图形。

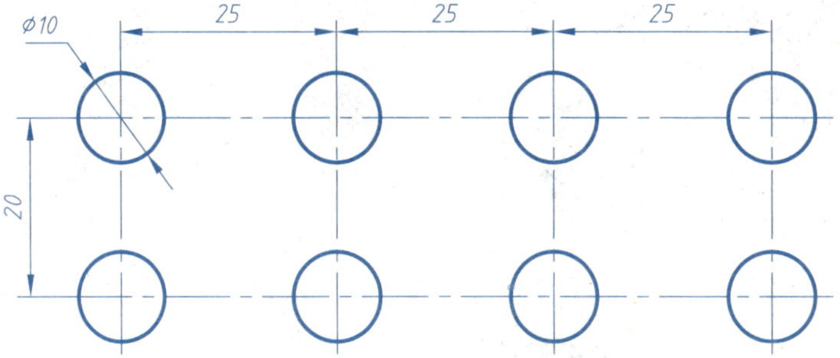

3.利用点的相对直角坐标和相对极坐标，绘制下面所示图形。

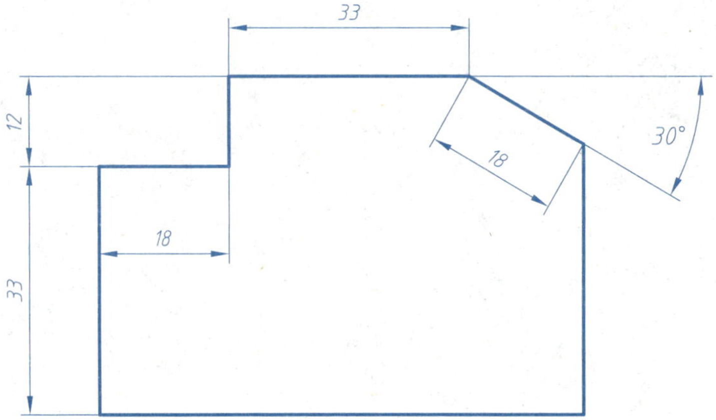

134

班级　　　　姓名　　　　学号　　　　任课老师

上机作业二

目的要求:

1.掌握设定AutoCAD图形界限的方法。

2.掌握绘制AutoCAD图形的基本绘图命令。

3.能运用对象捕捉定点工具，精确绘制图形。

作业内容:

1.设置图形界限，绘制下面所示图形。

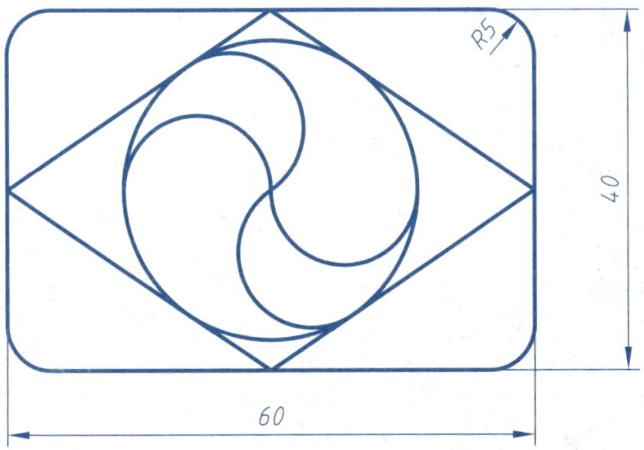

2.新建一个文件，运用对象捕捉，绘制下面所示图形。

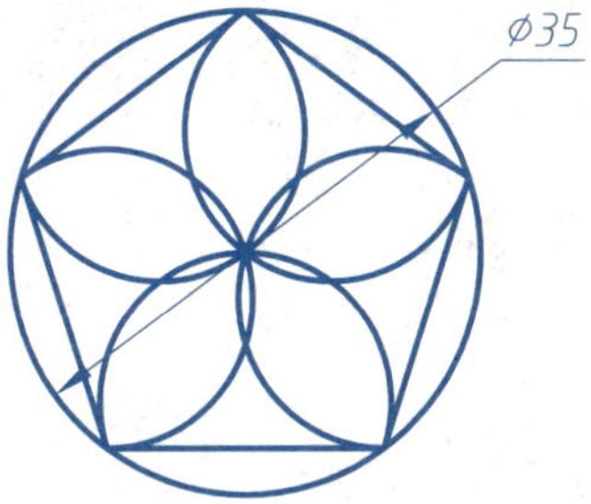

3.设置图形界限为(60,40)，绘制下面所示图形。

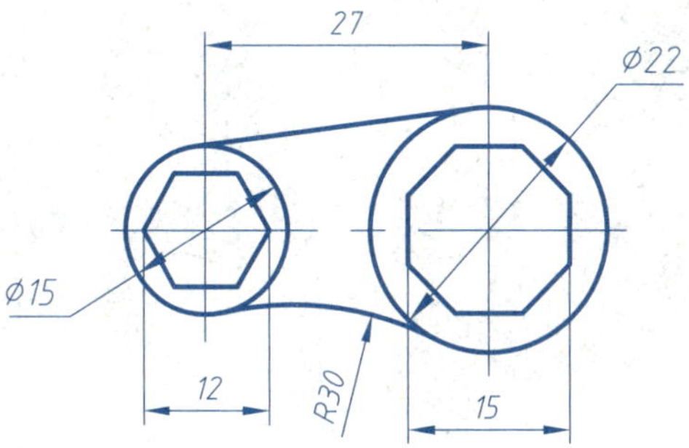

135

班级　　　姓名　　　学号　　　任课老师

上机作业三

目的要求：

1.掌握设定图层的方法。

2.养成按照图层绘制不同特性对象的画图习惯。

3.学习利用图层管理图形的办法。

作业内容：

1.新建图形并根据下表设置图层。

层名	颜色	线型	用途
0	白	Continous	图框
粗实线	白	Continous	可见轮廓线
点画线	红	Center2	对称中心线、回转轴线
虚线	洋红	Hidden	不可见轮廓线
细实线	绿	Continous	剖面线、波浪线等

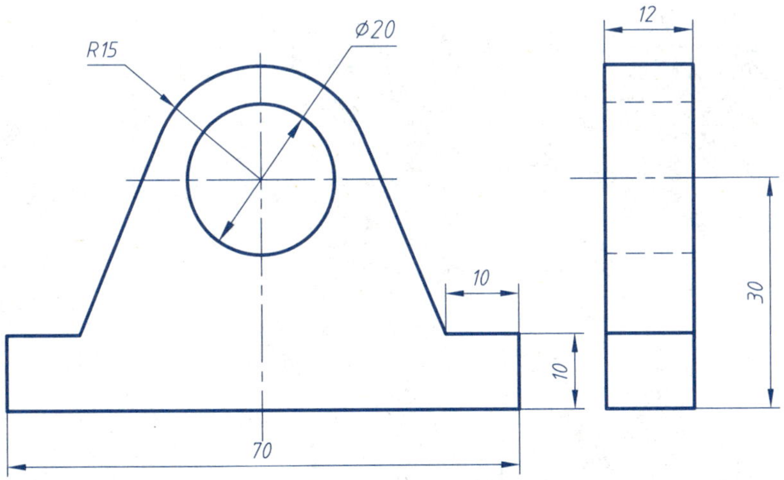

2.在设定好图层的图形文件中绘制下面图形，注意不同线型对象应绘在与其相应的图层上，并设定线型比例LTSCALE。

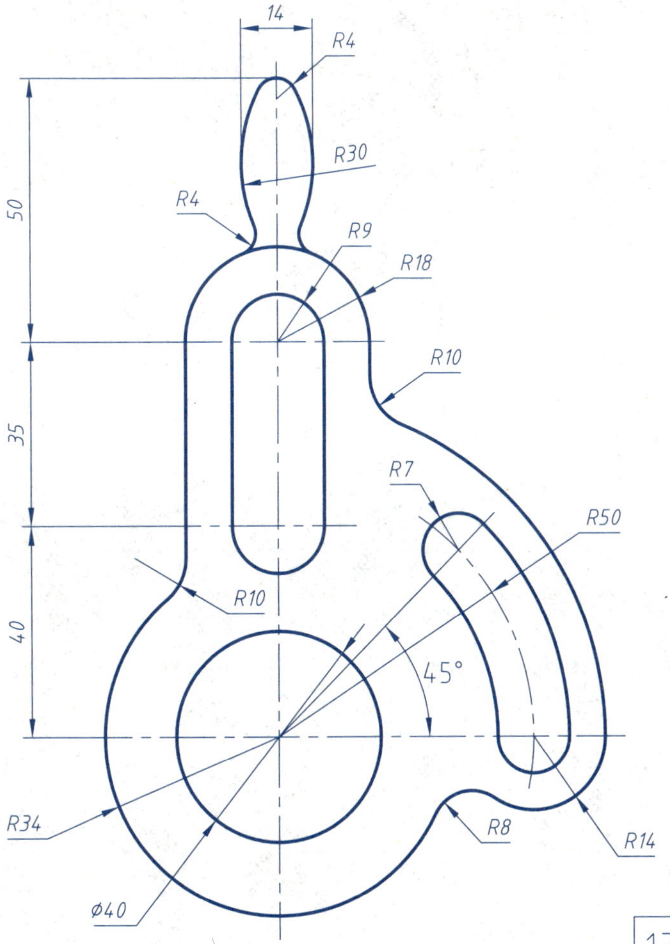

136

班级　　　　姓名　　　　学号　　　　任课老师

上机作业四

目的要求：

1. 掌握AutoCAD各种图形编辑命令的用法和功能。
2. 掌握图案填充和绘制剖面线的方法。
3. 了解编辑图案填充的操作。

作业内容：

1. 使用绘图和编辑命令绘制下面所示图形。

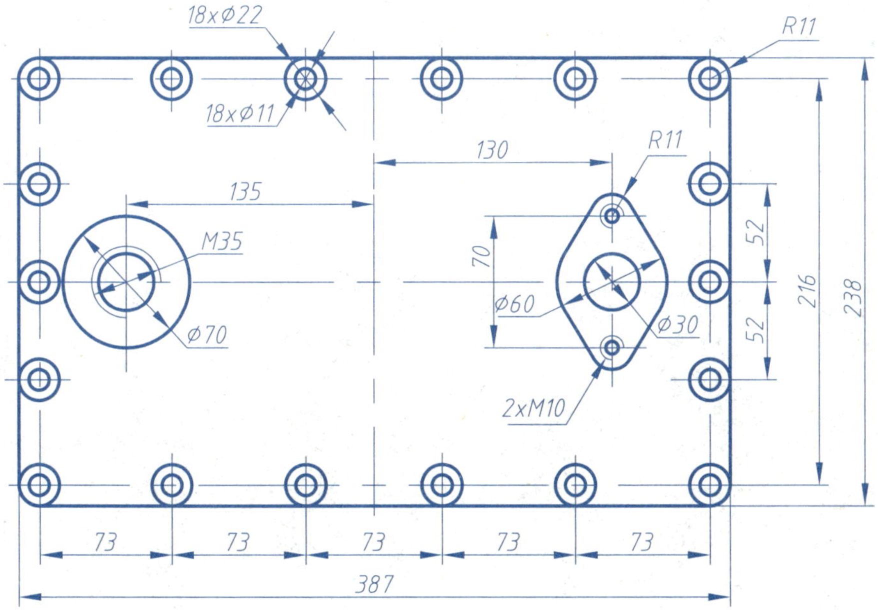

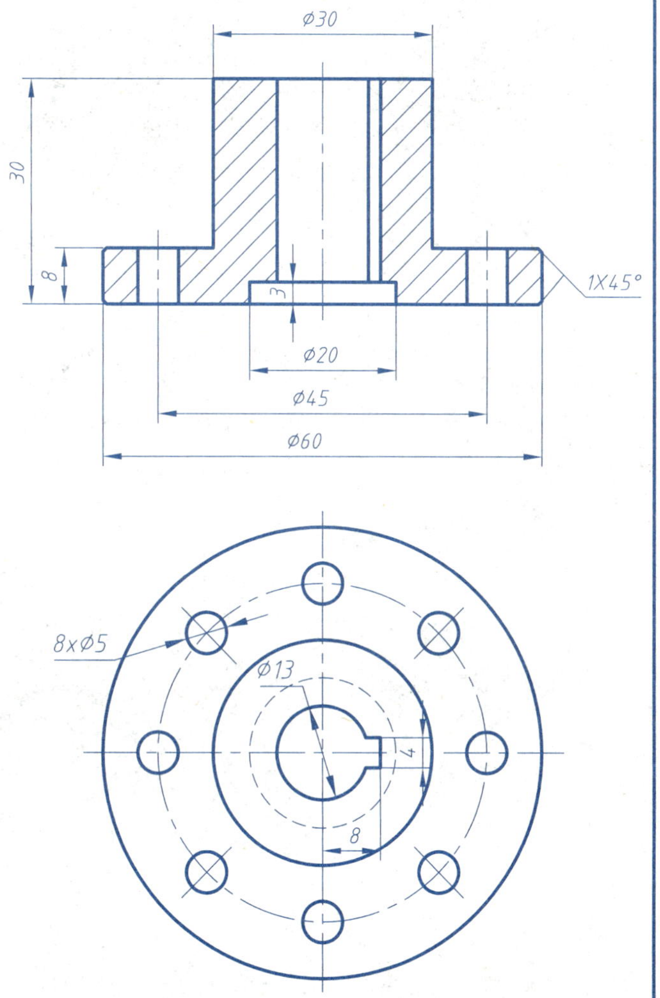

2. 绘制右图所示图形，要求按照轮廓线、剖面线、中心线等分别设置图层。

班级　　　　姓名　　　　学号　　　　任课老师

上机作业五

目的要求：

1.掌握在AutoCAD图形中注写文字的方法。

2.掌握各种特殊符号的输入方法。

3.学会新建自己的标注尺寸样式，能用多种尺寸样式进行尺寸标注。

4.掌握尺寸样式的管理，能对样式不合适的尺寸进行修改，并会标注尺寸公差和形位公差。

作业内容：

1.绘制下面所示图形，设定图幅为A4，注意技术要求的注写和标题栏的绘制，

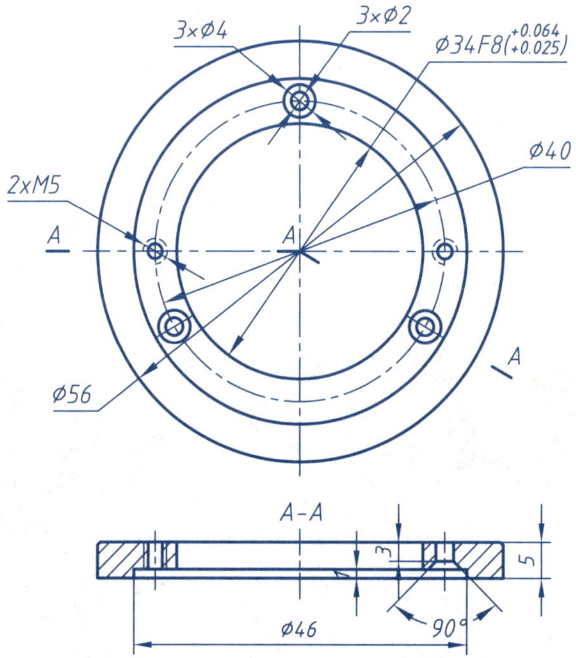

技术要求

1.未注圆角R2。

2.铸件需人工时效处理。

平衡环				HL002-020	
制图			比例	共　张	第　张
描图			件数	大学	
审核			重量		

2.绘制下图所示柱塞的图形，并标注尺寸。

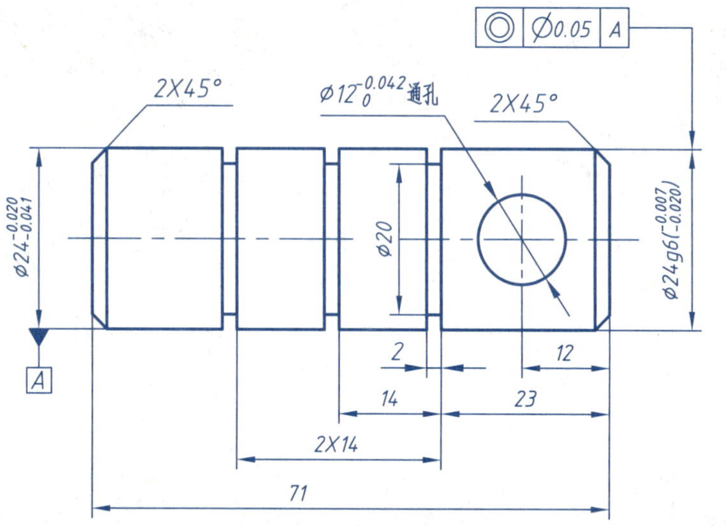

138

班级　　　　姓名　　　　学号　　　　任课老师

上机作业六

目的要求：

1. 了解图块的概念和图块的定义方法。
2. 掌握插入图块的操作步骤。

作业内容：

利用所学知识，综合绘制下面所示图形，注意图幅和图层等的设定。

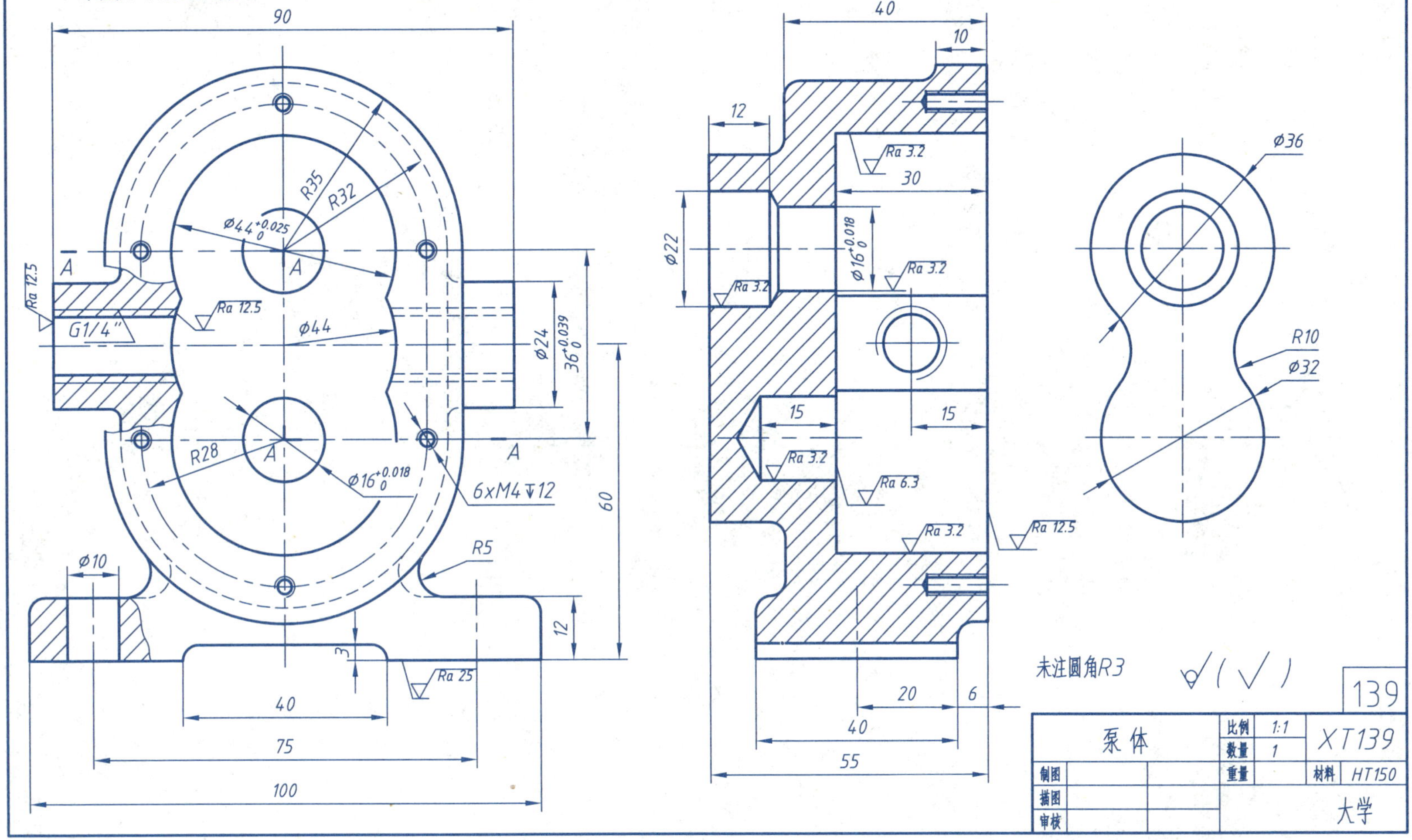

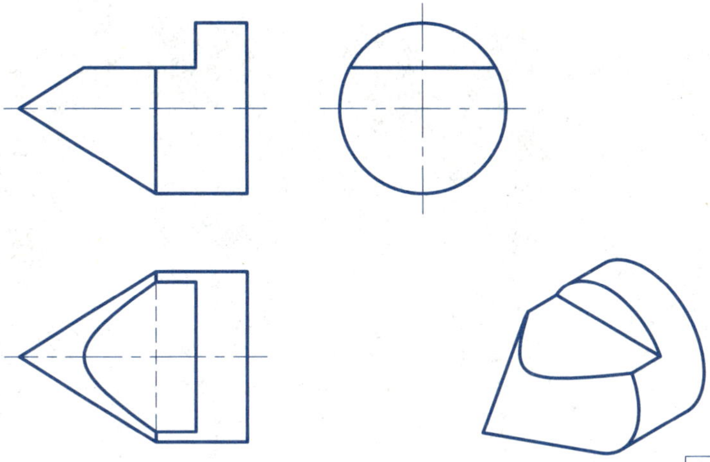

*45

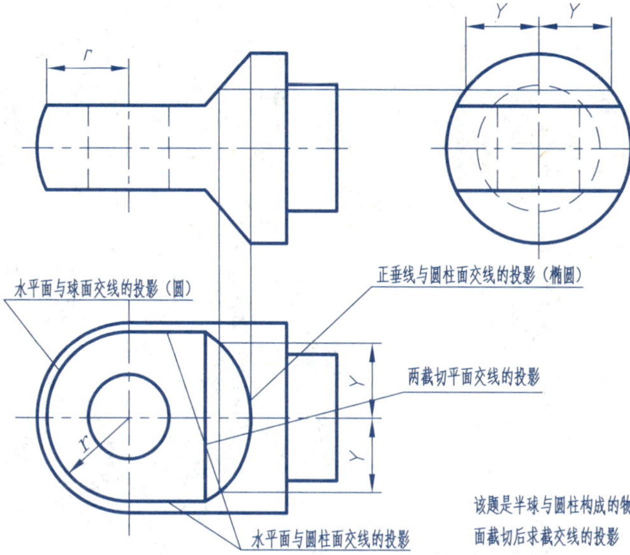

该题是半球与圆柱构成的物体被平面截切后求截交线的投影

*46

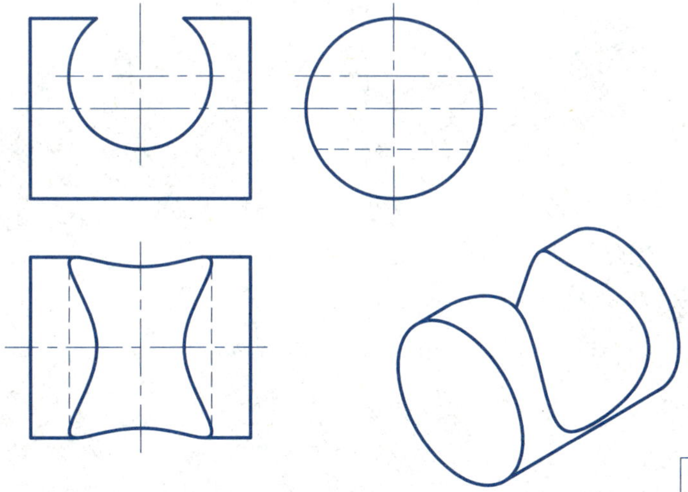

*53

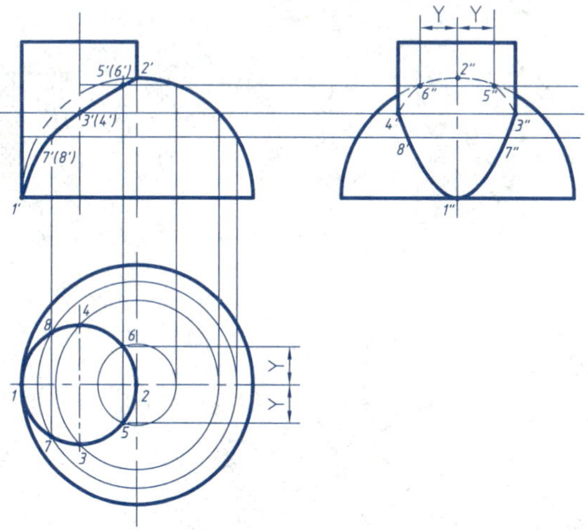

*54

班级　　　　姓名　　　　学号　　　　任课老师

根据给定的两视图，画出第三视图。

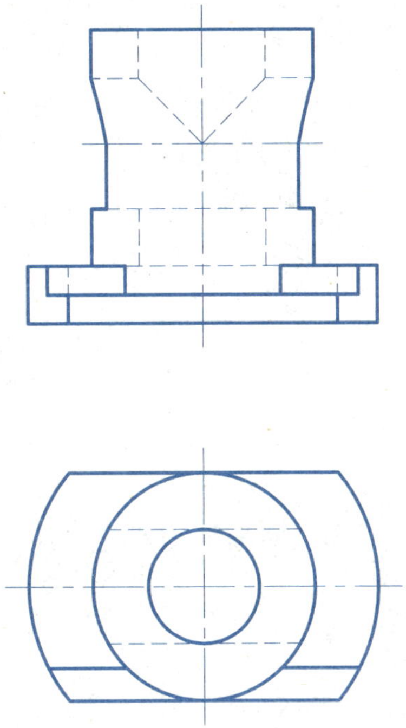

*71

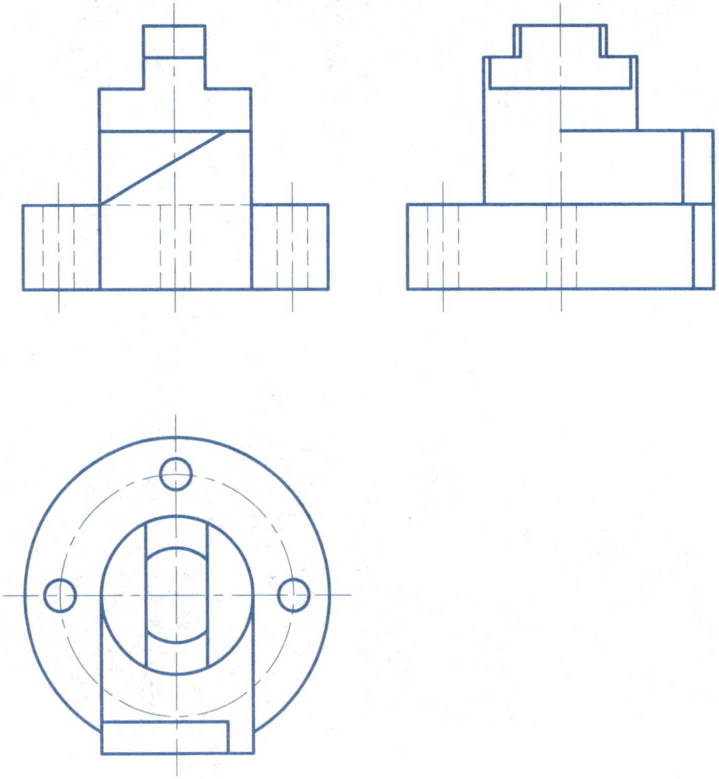

*72

在指定位置，将主视图画成半剖视图，并补画全剖的左视图。

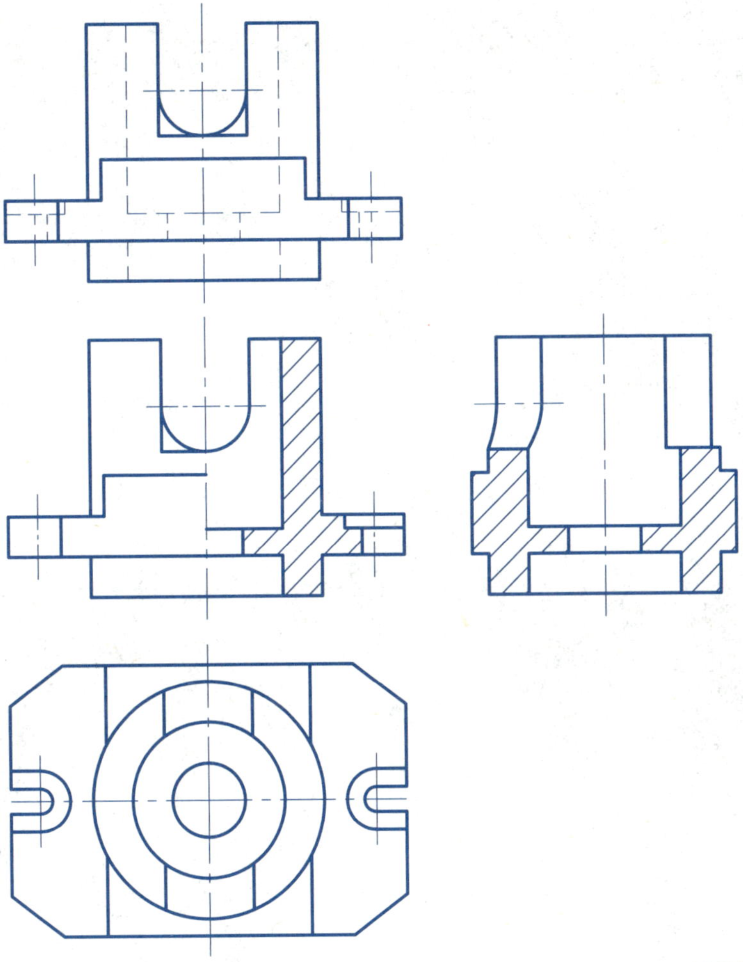

*99

在指定位置，将主视图画成半剖视图，并补画半剖的左视图。

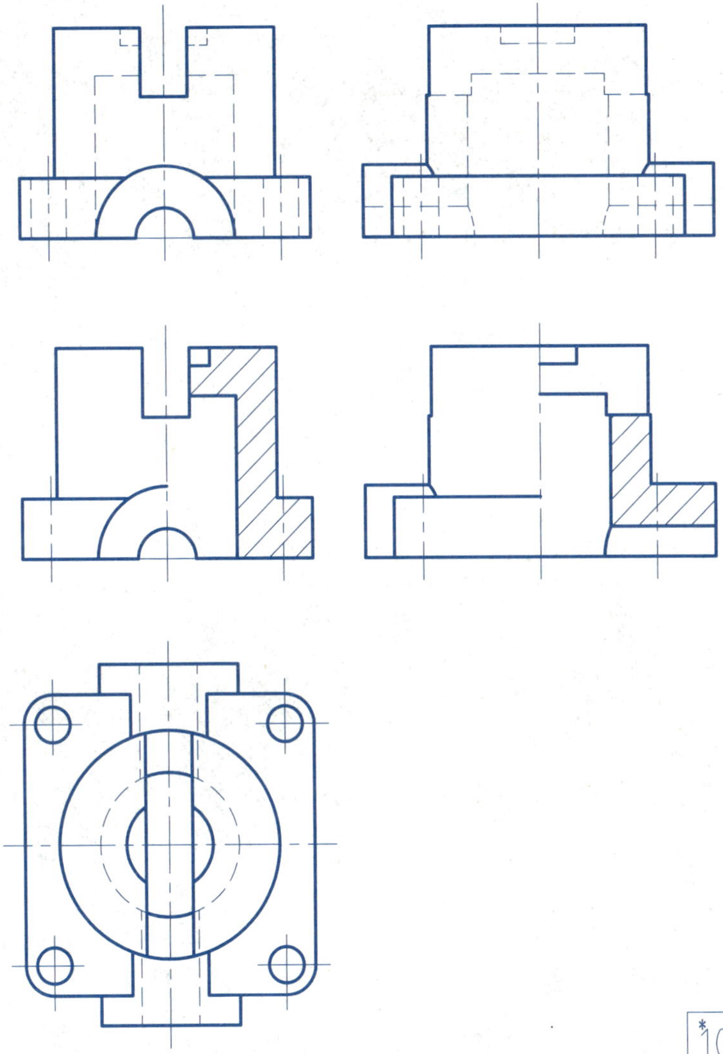

*100